"全能型"供电所员工业务知识题库

国网浙江省电力有限公司绍兴供电公司　组编

中国电力出版社
CHINA ELECTRIC POWER PRESS

内 容 提 要

本书以构建"全能型"供电所末端业务融合为宗旨，旨在实现供电所"人员一专多能"。全书分三篇，围绕安全、营销和运检各个专业，细化成12章，包括安全知识、紧急救护、常用仪表及工器具、工作票使用、装表接电、采集运维、业扩报装、95598服务、抄表催费、线路运行、维护与检修、智能剩余电流动作保护器和系统管控。

本书供"全能型"供电所的管理人员、职业技能培训及考评人员使用，也可供电力类职业技术学校和电力培训机构参考。

图书在版编目（CIP）数据

"全能型"供电所员工业务知识题库 / 国网浙江省电力有限公司绍兴供电公司组编. —北京：中国电力出版社，2019.11

ISBN 978-7-5198-4014-3

Ⅰ.①全… Ⅱ.①国… Ⅲ.①供电—职业技能—习题集 Ⅳ.① TM72-44

中国版本图书馆 CIP 数据核字（2019）第 256583 号

出版发行：中国电力出版社
地　　址：北京市东城区北京站西街 19 号（邮政编码 100005）
网　　址：http://www.cepp.sgcc.com.cn
责任编辑：崔素媛（010-63412392）
责任校对：黄　蓓　闫秀英
装帧设计：王红柳
责任印制：杨晓东

印　　刷：北京雁林吉兆印刷有限公司印刷
版　　次：2019 年 11 月第一版
印　　次：2019 年 11 月北京第一次印刷
开　　本：787 毫米 ×1000 毫米　16 开本
印　　张：11.25
字　　数：183 千字
印　　数：0001—3000 册
定　　价：**45.00** 元

版权专有　侵权必究

本书如有印装质量问题，我社营销中心负责退换

本书编委会

主　编　沈百强

副主编　金家红　王永平　章赞武　胡　泳

参　编　郭子建　陈魁荣　王未央　沈　熙　金红卫　顾　伟
　　　　陆大炜　许　解　陈永祥　宋　叶　姚镔华　董迁富
　　　　林凯雯　谢骏凯　郭步先　吕士义

前言

根据《国家电网公司关于进一步加强乡镇供电所人力资源管理的指导意见》(国网人资〔2017〕190号)和国网浙江省电力有限公司《关于做好2018年供电所管理的意见》(浙电营〔2018〕219号)等文件精神要求,为提升乡镇供电所综合管理水平和服务能力,进一步加强"全能型"供电所建设,构建低压业务末端融合的台区经理制,全面实现班组和业务营配融合,建立以农村供电网格化管理、台区经理管理以片区化为主、互帮互助为辅的供电服务新模式。为提升供电所全员业务技能水平,培养复合型员工,开展供电所全员就地化模块化培训,有效解决基层站所员工的工学矛盾、作息时间不规律等实际问题,提供试点先行、全面推进,最终真正实现供电所业务末端融合的有效范本,国网浙江省电力有限公司绍兴供电公司依托供电所就地化模块化培训的长期实践探索,特组织编写了本书。

本书紧紧围绕国家电网公司"三型两网,世界一流"的战略目标,以"全能型"乡镇供电所建设要求为主线,总结乡镇供电所各类知识点,根据供电所全员就地化模块化培训的成果,形成面向"全能型"供电所营配业务末端融合的实训标准体系。

本书共分三篇,围绕安全、营销和运检各个专业,细化成12类分项,共涉及单项选择题419题、多项选择题140题、填空题27题、判断题405题、简答题93题、综合题9题。本书内容全面、系统、翔实,可供"全能型"供电所的员工和电力培训机构参考。

限于作者水平经验,虽然对试题结构和内容进行了反复研究推敲,但难免会存在疏漏和不足,恳请广大读者批评指正。

编者

2019 年 10 月

目 录

前言

第一篇 安全模块 1

 第一章 安全知识 2
  一、单选题 2
  二、多选题 9
  三、判断题 12
  四、简答题 13
  五、综合题 13
  本章答案 14

 第二章 紧急救护 16
  一、单选题 16
  二、判断题 16
  三、简答题 16
  本章答案 17

 第三章 常用仪表及工器具 18
  一、单选题 18
  二、多选题 21
  三、判断题 22
  四、简答题 23
  本章答案 24

 第四章 工作票使用 25
  一、单选题 25
  二、多选题 27
  三、判断题 28
  四、简答题 29
  本章答案 31

第二篇 营销模块 33

 第五章 装表接电 34
  一、单选题 34
  二、多选题 37
  三、判断题 39
  四、简答题 42
  本章答案 43

第六章 采集运维 45
一、填空题 45
二、单选题 47
三、多选题 53
四、判断题 56
五、简答题 61
六、综合题 62
本章答案 63

第七章 业扩报装 68
一、单选题 68
二、多选题 74
三、判断题 79
四、简答题 93
五、综合题 94
本章答案 96

第八章 95598 服务 101
一、单选题 101
二、判断题 101
三、简答题 108
四、综合题 112
本章答案 114

第九章 抄表催费 122
一、单选题 122
二、多选题 132
三、判断题 137
四、简答题 141
本章答案 143

第三篇 运检模块 147

第十章 线路运行、维护与检修 148
一、单选题 148
二、多选题 154
三、判断题 156
四、简答题 160
五、综合题 161
本章答案 162

第十一章 智能剩余电流动作保护器 165
  一、单选题 165
  二、多选题 166
  三、判断题 166
  本章答案 169
第十二章 系统管控 170
  简答题 170
  本章答案 171

第一篇 ▶▶ 安全模块

本模块为安全模块，分为四个部分，考查以安全知识、紧急救护、常用仪表及工器具和工作票使用为主的知识点，共设置单选题124题，多选题29题，判断题34题，简答题7题，综合题1题，进一步强化供电所员工的安全意识，供"全能型"供电所的员工和电力培训机构参考。

第一章 安全知识

一、单选题

1. 发生特别重大供电服务质量事件，对主要责任人予以记大过至解除劳动合同处分；予以（　　）处理。
    A. 待岗、停职（检查）或责令辞职
    B. 通报批评或调整岗位
    C. 诫勉谈话、通报批评、调整岗位或待岗
    D. 通报批评、调整岗位、待岗或停职（检查）

2. 安全带试验周期为（　　）年试验一次。
    A. 一   B. 半
    C. 两   D. 三

3. 三相短路接地线，应采用多股软铜绞线制成，其截面积应符合短路电流的要求，但不得小于（　　）mm²。
    A. 10   B. 20   C. 25   D. 35

4. 低压接户线从电杆上引下时的线间距离最小不得小于（　　）mm。
    A. 150   B. 200   C. 250   D. 300

5. 配电系统的电压互感器二次测额定电压一般都是（　　）V。
    A. 36   B. 220   C. 380   D. 100

6. 胸外按压要以均匀速度，一般每分钟（　　）次左右。
    A. 30   B. 50   C. 80   D. 100

7. 凡装有攀登装置的杆、塔，攀登装置上应设置（　　）标识牌。
    A. "止步，高压危险！"   B. "禁止攀登，高压危险！"
    C. "从此上下！"   D. "有电危险！"

8. 低压装表接电时，（　　）。
    A. 应先安装计量装置，后接电
    B. 应先接电，后安装计量装置
    C. 计量装置安装和接电的顺序无要求
    D. 计量装置安装和接电应同时进行

9. 触电急救脱离电源，就是要把触电者接触的那一部分带电设备的（　　）断路器（开关）、隔离开关（刀闸）或其他断路设备断开，或设法将触电者与带电设备脱离开。

　　A. 有关　　　　B. 所有　　　　C. 高压　　　　D. 低压

10. 设备巡视周期：郊区及农村（　　）至少一次。

　　A. 每周　　　　B. 每月　　　　C. 每季度　　　D. 每半年

11. 根据《国网浙江省电力公司供电营业厅管控规范》的要求，各级营业厅每年至少组织（　　）次应急演练，并做好记录工作。

　　A. 一　　　　　B. 两　　　　　C. 三　　　　　D. 四

12. 以下不属于应急演练范畴的是（　　）。

　　A. 营销系统故障　　　　　　　B. 个人电脑故障
　　C. 突发停电　　　　　　　　　D. 办理新型业务

13. 相序是电压或电流三相（　　）的顺序，通常习惯用 A（黄）—B（绿）—C（红）表示。

　　A. 电位　　　　B. 相位　　　　C. 功率　　　　D. 接线

14. 供电企业供到客户受电端的供电电压允许偏差为：220V 单相供电的，为额定值的（　　）。

　　A. +5%　−15%　　　　　　　B. +8%　−9%
　　C. +10%　−7%　　　　　　　D. +7%　−10%

15. 电能表的带电调换必带工具包括（　　）。

　　A. 低压验电笔　　　　　　　　B. 防滑梯
　　C. 安全带　　　　　　　　　　D. 保安线

16. 《居民用户家用电器损坏处理办法》规定，电机类家用电器的平均使用年限为（　　）年。

　　A. 2　　　　　B. 5　　　　　C. 10　　　　　D. 12

17. 《居民用户家用电器损坏处理办法》规定，电阻电热类家用电器的平均使用年限为（　　）年。

　　A. 2　　　　　B. 5　　　　　C. 10　　　　　D. 12

18. 对因本企业电价电费管理方面的责任被（　　）媒体曝光而影响企业形象的，认定为重大电费安全责任事故。
    A. 区县级及以上　　　　　　B. 市级及以上
    C. 省级及以上　　　　　　　D. 国家级及以上

19. 作业现场的生产条件和安全设施等应符合有关标准、规范的要求，作业人员的（　　）应合格、齐备。
    A. 劳动防护用品　　　　　　B. 工作服
    C. 安全工器具　　　　　　　D. 施工机具

20. 工作完工后，应清扫整理现场，工作负责人（包括小组负责人）应检查（　　）的状况。
    A. 停电地段　　　　　　　　B. 检修地段
    C. 工作地段　　　　　　　　D. 杆塔上

21. 《电力企业安全工作规程》关于"低[电]压"的定义是：用于配电的（　　）的电压等级。
    A. 直流系统中 1000V 以下
    B. 交流系统中 1000V 以下
    C. 交（直）流系统中 1000V 及以下
    D. 交流系统中 1000V 及以下

22. 作业现场的生产条件和安全设施等应符合有关标准、规范的要求，工作人员的（　　）应合格、齐备。
    A. 劳动防护用品　　　　　　B. 工作服
    C. 安全工器具　　　　　　　D. 施工机具

23. 各类作业人员应被告知其作业现场和工作岗位存在的危险因素、防范措施及（　　）。
    A. 事故紧急处理措施
    B. 紧急救护措施
    C. 应急预案
    D. 逃生方法

24. 作业人员对《电力企业安全工作规程》应每（　　）考试一次。
    A. 六个月　　B. 年　　C. 两年　　D. 三年

25. 因故间断电气工作（　　）者，应重新学习《电力企业安全工作规程》，并经考试合格后，方能恢复工作。

　　A. 3个月以上　　　　　　　　B. 连续3个月以上
　　C. 6个月以上　　　　　　　　D. 连续6个月以上

26. 新参加电气工作的人员、实习人员和临时参加劳动的人员（管理人员、非全日制用工等），应经过（　　）后，方可到现场参加指定的工作，并且不得单独工作。

　　A. 学习培训　　　　　　　　B. 安全知识教育
　　C. 考试合格　　　　　　　　D. 电气知识培训

27. 高压室的钥匙至少应有（　　）把，由运维人员负责保管，按值移交。

　　A. 6　　　　B. 5　　　　C. 4　　　　D. 3

28. 检修人员执行的操作票，应由（　　）审核签名，然后才能使用。

　　A. 运维负责人　　　　　　　　B. 工作负责人
　　C. 检修班长　　　　　　　　D. 检修工区技术员

29. 现场勘察由工作票签发人或（　　）组织。

　　A. 班长　　　　　　　　　　B. 技术员
　　C. 工作负责人　　　　　　　D. 有经验的工作人员

30. 承发包工程中，工作票可实行"双签发"形式。签发工作票时，（　　）工作票签发人在工作票上分别签名，各自承担本规程工作票签发人相应的安全责任。

　　A. 设备运维管理单位与发包单位　　B. 双方
　　C. 承包单位　　　　　　　　D. 发包单位

31. 在原工作票的停电及安全措施范围内增加工作任务时，应由工作负责人征得工作票签发人和（　　）同意，并在工作票上增填工作项目。

　　A. 当值调度　　　　　　　　B. 专责监护人
　　C. 工作许可人　　　　　　　D. 当值运行人员

32. 工作负责人（监护人）应是具有相关工作经验，熟悉设备情况和电力安全工作规程，经（　　）书面批准的人员。

　　A. 本单位调度部门　　　　　　B. 工区（车间）
　　C. 本单位安全监督部门　　　　D. 本单位

33. 每组接地线及其（　　）均应编号，接地线号码与（　　）号码应一致。
    A. 接地线操作杆，接地线操作杆
    B. 接地线线夹，接地线线夹
    C. 存放位置，存放位置
    D. 个人保安线，个人保安线

34. 因工作原因必须短时移动或拆除遮栏（围栏）、标识牌，应征得（　　）同意，并在工作负责人的监护下进行。
    A. 工作负责人
    B. 监护人
    C. 签发人
    D. 工作许可人

35. 以下所列的安全责任中，（　　）是动火工作票负责人的一项安全责任。
    A. 负责动火现场配备必要的、足够的消防设施
    B. 工作的安全性
    C. 向有关人员布置动火工作，交待防火安全措施和进行安全教育
    D. 工作票所列安全措施是否正确完备，是否符合现场条件

36. 作业现场的生产条件和（　　）等应符合有关标准、规范的要求。
    A. 安全设施
    B. 防高空落物设施
    C. 登高设施
    D. 防坠设施

37. 作业人员的基本条件规定，作业人员的体格检查每（　　）至少一次。
    A. 半年　　B. 一年　　C. 一年半　　D. 两年

38. 触电急救应分秒必争，一经明确心跳、呼吸停止的，立即就地迅速用（　　）进行抢救，并坚持不断地进行。
    A. 心脏按压法
    B. 口对口呼吸法
    C. 口对鼻呼吸法
    D. 心肺复苏法

39. 验电前，应先在有电设备上进行试验，确认验电器良好；无法在有电设备上进行试验时，可用（　　）高压发生器等确证验电器良好。
    A. 工频　　B. 高频　　C. 中频　　D. 低频

40. 使用伸缩式验电器时应保证绝缘的（　　）。
    A. 长度
    B. 有效

C. 有效长度　　　　　　　　D. 良好

41. 禁止作业人员擅自变更工作票中指定的接地线位置，如需变更，应由工作负责人征得（　　）同意。

A. 工作许可人　　　　　　　B. 全体人员
C. 工作票签发人　　　　　　D. 各小组负责人

42. 在杆塔或横担接地良好的条件下装设接地时，接地线可单独或合并后接到杆塔上，但杆塔接地电阻和（　　）应良好。

A. 接地装置　　　　　　　　B. 接地通道
C. 杆塔基础　　　　　　　　D. 土壤电阻

43. 电缆及电容器接地前应（　　）放电。

A. 逐相　　　B. 充分　　　C. 逐相充分　　　D. 一次

44. 临时围栏应装设牢固，并悬挂（　　）的标识牌。

A."止步，高压危险！"　　　B."禁止合闸，有人工作！"
C."高压危险！"　　　　　　D."有人工作！"

45. 在城区、（　　）地段或交通道口和通行道路上施工时，工作场所周围应装设遮栏（围栏），并在相应部位装设标识牌。

A. 山区　　　B. 郊区　　　C. 有人区域　　　D. 人口密集区

46. 带电作业应设（　　），监护人不准直接操作，监护的范围不准超过一个作业点，复杂或高杆塔作业必要时应增设（塔上）监护人。

A. 工作票签发人　　　　　　B. 工作负责人
C. 专责监护人　　　　　　　D. 工作许可人

47. 不同电压等级、同类型、相同安全措施且依次进行的（　　）上的不停电工作，可使用一张配电第二种工作票。

A. 不同配电线路或不同工作地点
B. 不同配电线路
C. 不同工作地点
D. 相邻配电线路

48. 工作负责人应由有本专业工作经验、熟悉工作范围内的设备情况、熟悉本规程，并经（　　）批准的人员担任，名单应公布。

A. 工区（车间）　　　　　　B. 单位

C. 上级单位 D. 公司

49. 工作负责人应由有本专业工作经验、熟悉工作范围内的设备情况、熟悉本规程,并经( )批准的人员担任,名单应公布。

A. 工区(车间) B. 单位
C. 上级单位 D. 公司

50. 禁止作业人员越过( )的线路对上层线路、远侧进行验电。

A. 未停电 B. 未经验电、接地
C. 未经验电 D. 未停电、接地

51. 非连续进行的故障修复工作,应使用( )。

A. 故障紧急抢修单 B. 工作票
C. 施工作业票 D. 口头、电话命令

52. 工作地点有可能误登、误碰邻近带电设备,应根据设备运行环境悬挂( )等标识牌。

A. "从此上下!" B. "在此工作!"
C. "止步,高压危险!" D. "当心触电!"

53. 配电站户外高压设备部分停电检修或新设备安装,工作地点四周围栏上悬挂适当数量的"止步,高压危险!"标识牌,标识牌应朝向( )。

A. 围栏里面 B. 围栏外面
C. 围栏入口 D. 围栏出口

54. 配电第一种工作票,应在工作( )送达设备运维管理单位(包括信息系统送达)。

A. 前两天 B. 前一天 C. 当天 D. 前一周

55. 在居民区及交通道路附近开挖的基坑,应设坑盖或可靠遮栏,加挂警告标识牌,夜间挂( )。

A. 黄灯 B. 绿灯 C. 红灯 D. 红外灯

56. 在下水道、煤气管线、潮湿地、垃圾堆或有腐质物等附近挖坑时,应设( )。

A. 工作负责人 B. 工作许可人
C. 监护人 D. 工作班成员

57. 我国电力系统的频率标准是（　　）Hz。
   A. 40　　　　　B. 50　　　　　C. 55　　　　　D. 60

58. 电缆及电容器接地前应（　　）充分放电。
   A. 逐相　　　　　　　　　B. 保证一点
   C. 单相　　　　　　　　　D. 三相

59. 接地线拆除后，（　　）不得再登杆工作或在设备上工作。
   A. 工作班成员　　　　　　B. 任何人
   C. 运行人员　　　　　　　D. 作业人员

60. 工作期间，工作负责人若需暂时离开工作现场，应指定能胜任的人员临时代替，离开前应将工作现场交待清楚，并告知（　　）。
   A. 被监护人员　　　　　　B. 部分工作班成员
   C. 全体工作班成员　　　　D. 专责监护人

61. 专责监护人临时离开时，应通知（　　）停止工作或离开工作现场，待专责监护人回来后方可恢复工作。
   A. 工作班成员　　　　　　B. 作业人员
   C. 小组负责人　　　　　　D. 被监护人员

62. 专责监护人应由具有相关专业工作经验，熟悉工作范围内的（　　）情况和本规程的人员担任。
   A. 设备　　　　　B. 现场　　　　　C. 接线　　　　　D. 运行

二、多选题

1. 台区经理现场作业上岗所必须的资质证书包括（　　）。
   A.《电工作业证》　　　　　　B.《高处作业证》
   C.《农网配电营业工高级工证》D.《用电检查证》

2. 一般建议 A 级营业厅每年至少组织（　　）次应急演练，B 级及以下营业厅每年至少组织（　　）次应急演练。
   A. 2　　　　　B. 1　　　　　C. 3　　　　　D. 4

3. 演练过程中发生的（　　），参演人员应及时汇报营业厅主管，视具体情况考虑是否中止部分项目的演练。
   A. 突发事件　　　　　　　B. 不可控因素

C. 人身伤害事故 D. 设备故障

4.《中华人民共和国电力法》规定，以下由（　　）原因造成用户损失的，电力企业可不承担赔偿责任。
  A. 不可抗力   B. 第三人的过错
  C. 用户自身过错   D. 供电企业维护不到位

5.《中华人民共和国电力法》规定，对同一电网内的（　　）的用户，执行相同的电价标准。
  A. 同一电压等级   B. 同一用电类别
  C. 同一生产特性   D. 同一用电需求

6.《电力供应与使用条例》规定，以下属于窃电行为的有（　　）。
  A. 在供电企业的供电设施上，擅自接线用电
  B. 绕越供电企业的用电计量装置用电
  C. 伪造或者开启法定的或者授权的计量检定机构加封的用电计量装置封印用电
  D. 故意使供电企业的用电计量装置计量不准或者失效

7.《电力供应与使用条例》规定，在发电、供电系统正常运行情况下，供电企业应当连续向用户供电；因故需要停止供电时，应当按照下列要求（　　）事先通知用户或者进行公告。
  A. 因供电设施计划检修需要停电时，供电企业应当提前10个工作日通知用户或者进行公告
  B. 因供电设施临时检修需要停止供电时，供电企业应当提前24小时通知重要用户
  C. 因发电、供电系统发生故障需要停电、限电时，供电企业应当按照事先确定的有序用电方案进行停电或者限电
  D. 引起停电或者限电的原因消除后，供电企业应当尽快恢复供电

8.《电力供应与使用条例》规定，以下（　　）行为由电力管理部门责令改正，没收违法所得，可以并处违法所得5倍以下的罚款。
  A. 擅自向外转供电的
  B. 擅自伸入或者跨越供电营业区供电的
  C. 擅自引入电源的
  D. 未按照规定取得《供电营业许可证》，从事电力供应业务的

9.《电力供应与使用条例》规定，地方各级人民政府应当按照城市建设和乡村

建设的总体规划统筹安排（　　　）。

 A. 城乡供电线路走廊　　　　B. 电缆通道

 C. 区域变电站　　　　　　　D. 区域配电站

10. 《电力供应与使用条例》规定，供电企业应当按照（　　　），向用户计收电费。

 A. 国家核准的电价　　　　　B. 上网电价

 C. 用电计量装置的记录　　　D. 发电量

11. 现场设备巡视工作应做好巡视记录，巡视内容包括（　　　）。

 A. 终端、箱门的封印是否完整，计量箱及门是否有损坏。

 B. 采集终端的线头是否松动或有烧痕迹，液晶显示屏是否清晰或正常显示。采集终端外置天线是否损坏，无线公网信道信号强度是否满足要求。

 C. 采集终端环境是否满足现场安全工作要求，有无安全隐患。

 D. 检查控制回路接线是否正常，有无破坏；电能表、采集设备是否有报警、异常等情况发生。

12. 当验明检修的低压配电线路、设备确已无电压后，至少应采取（　　　）措施防止反送电。

 A. 装设遮栏

 B. 所有相线和中性线接地并短路

 C. 绝缘遮蔽

 D. 在断开点加锁、悬挂"禁止合闸，有人工作！"或"禁止合闸，线路有人工作！"的标识牌

13. 安全工器具使用前，应检查确认（　　　）等现象。对其绝缘部分的外观有疑问时应经绝缘试验合格后方可使用。

 A. 无绝缘层脱落、无严重伤痕

 B. 固定连接部分无松动、无锈蚀

 C. 绝缘部分无裂纹、无老化

 D. 固定连接部分无断裂

14. 为加强配电作业现场管理，规范各类工作人员的行为，保证(　　　)安全，依据国家有关法律、法规，结合配电作业实际，制定配电网安全工作规程。

 A. 人身　　　B. 电网　　　C. 设备　　　D. 设施

15. 防护安全工器具分为（　　　）。

 A. 人体防护工器具　　　　　B. 安全技术防护工器具

C. 登高作业安全工器具　　　　D. 设备防护工器具

三、判断题

1. 电力供应与使用双方应当根据平等自愿、等价有偿的原则，按照国务院制定的电力供应与使用办法签订供用电合同，确定双方的权利和义务。
（　　）

2. 《供电服务规范》规定供电企业因不可抗力或用户自身过错违反供用电合同的约定，给用户造成损失的，应当依法承担赔偿责任。
（　　）

3. 农业排灌、脱粒用电指粮食作物排灌、脱粒及农业防汛、抗旱临时用电。
（　　）

4. 如果触电地点附近有电源或电源插座，可立即拉开开关或拔出插头，断开电源。
（　　）

5. 《供电营业规则》规定：用户发生人身触电事故，应及时向供电企业报告。
（　　）

6. 安全带是高处作业时预防高空坠落的安全用具。
（　　）

7. 正确使用施工机具、安全工器具和劳动防护用品是工作班成员的安全责任。
（　　）

8. 新参加电气工作的人员、实习人员和临时参加劳动的人员（管理人员、非全日制用工等），应经过安全生产知识教育后，方可下现场单独工作。
（　　）

9. 经常有人工作的场所及施工车辆上应配备急救箱，存放急救用品，并应指定专人定期检查、补充或更换。
（　　）

10. 加大安全督查和违章惩处力度，对"小、散"低压作业等特殊领域、薄弱环节开展现场飞检，保持对供电所安全管理的高压态势。

（   ）

11. 对违反安全管理要求的，公司将在五星级供电所评定、同业对标等评优工作中一票否决。

（   ）

12. 在客户受送电装置上作业的电工，必须经电力管理部门考核合格，方可上岗作业。

（   ）

四、简答题

1. 个人计算机信息安全防护措施包括哪些？

2. 自备电源、保安电源有什么安全要求？

五、综合题

2017年5月26日7时许，高某从家中出来，路过以前盖的旧房子时，由于正在下雨，被自家新房子至旧房子中间的一根掉落的电线电击身亡。事后查明，致使受害人高某触电身亡的电线是高某自行私拉的电线。

问题：

（1）公用低压线路供电的，供电设施产权如何划分？该案中引发高某触电身亡的电线产权归属于谁？

（2）本案引发高某触电的事故责任由谁承担？法律依据是什么？

本章答案

一、单选题

1. A　　2. B　　3. C　　4. A　　5. D　　6. C　　7. B　　8. A
9. B　　10. C　　11. A　　12. D　　13. B　　14. D　　15. A　　16. D
17. B　　18. C　　19. A　　20. C　　21. D　　22. A　　23. A　　24. B
25. B　　26. B　　27. D　　28. B　　29. C　　30. D　　31. D　　32. B
33. C　　34. D　　35. C　　36. A　　37. D　　38. D　　39. A　　40. C
41. C　　42. B　　43. C　　44. E　　45. D　　46. C　　47. A　　48. A
49. A　　50. B　　51. B　　52. C　　53. A　　54. B　　55. C　　56. C
57. B　　58. A　　59. B　　60. C　　61. D　　62. A

二、多选题

1. AB　　2. AB　　3. AB　　4. ABC　　5. AB
6. ABCD　　7. BCD　　8. ABD　　9. ABCD　　10. AC
11. ABCD　　12. BCD　　13. ABCD　　14. ABC　　15. ABC

三、判断题

1. ×　　2. ×　　3. √　　4. √　　5. ×　　6. √　　7. √　　8. ×
9. ×　　10. √　　11. √　　12. ×

四、简答题

1. 答：计算机安装维护应由公司专门维护人员统一安装，员工不得随意安装或重装计算机操作系统，也不得擅自请其他人维修；计算机应安装国家电网统一的安全防护程序；未经审批许可，不得擅自建立网站等服务程序。严禁办公计算机"一机两用"（同一台计算机既上信息内网，又上信息外网或互联网），信息内外网办公计算机要进行明显标识。重要数据要注意备份，备注时注意数据要加密，建议使用加密盘。

2. 答：（1）用户自备电源、不并网自备电源的安装和使用，应符合《电力供应与使用条例》的规定和要求。凡有自备电源或备用电源的用户，在投入运行前要向当地供电企业提出申请并签订安全协议，应装设在电网停电时能有效防止向电网反送电的安全装置（如联锁、闭锁装置等）。禁止用户自备电源与公用电网共用中性线。

（2）凡需并网运行的农村小型分布式电源（风力发电、光伏发电、小型发电机等），应与供电企业依法签订并网协议后方可并网运行。

五、综合题

答：（1）依据《供电营业规则》第四十七条第一款第一项规定："公用低压线路供电的，以供电接户线用户端最后支持物为分界点，支持物属于供电企业。"供电接户线用户端至用户属用户所有，本案中致使受害人高某触电身亡的低压电线产权属于受害人高某所有。

（2）由高某承担。《供电营业规则》第五十一条规定："在供电设施上发生事故引起的法律责任，按供电设施产权归属确定，产权归属谁，谁就承担其拥有的供电设施上发生事故引起的法律责任。"

第二章 紧急救护

一、单选题

1. 发现有人触电应（　　），使之脱离电源。
   A. 立即用手拉开触电人员
   B. 用绝缘物体拉开电源或触电者
   C. 找专业电工进行处理
   D. 呼救、求助外人

2. 触电者神志清醒、有意识、心脏跳动，但呼吸急促、面色苍白，曾一度昏迷。但未失去知觉，此时，不能用（　　）抢救。
   A. 心肺复苏法　　　　　　B. 胸外按压法
   C. 紧急救护法　　　　　　D. 触电急救法

二、判断题

1. 创伤急救过程中，平地搬运伤员时，伤员头部在前，上楼、下楼、下坡时头部在下，搬运中应严密观察伤员，防止伤情突变。　　　　　　　（　　）

2. 在发生人身触电事故时，未经许可，不得断开有关设备的电源。（　　）

三、简答题

简要回答触电有哪些种类？

本章答案

一、单选题

1. B　　2. A

二、判断题

1. ×　　2. ×

三、简答题

答：触电的种类包括：直接接触触电、间接接触触电、感应电压电击、雷击电击、残余电荷电击、静电电击等。

第三章 常用仪表及工器具

一、单选题

1. 电力系统中以"kWh"作为（　　）的计量单位。
   A. 电压　　　B. 电能　　　C. 电功率　　　D. 电位

2. 当参考点改变时，电路中两点之间的电位差是（　　）。
   A. 变大的　　B. 变小的　　C. 不变化的　　D. 无法确定

3. 我国交流电的标准频率为50Hz，其周期为（　　）s。
   A. 0.01　　　B. 0.02　　　C. 0.1　　　　D. 0.2

4. 电路由（　　）和开关四部分组成。
   A. 电源、负载、连接导线
   B. 发电机、电动机、母线
   C. 发电机、负载、架空线路
   D. 电动机、灯泡、连接导线

5. 参考点也叫零电位点，它是由（　　）的。
   A. 人为规定　　　　　　　B. 参考方向决定的
   C. 电压的实际方向决定的　D. 大地性质决定的

6. 铜的导电率比铝的导电率（　　）。
   A. 大得多　　B. 小得多　　C. 差不多　　　D. 一样

7. 低压架空线路导线最小允许截面积为（　　）mm²。
   A. 10　　　　B. 16　　　　C. 25　　　　　D. 35

8. 中性点直接接地的低压电力网中，采用保护接零时应将中性线重复接地，重复接地电阻值不应大于（　　）Ω。
   A. 4　　　　　B. 5　　　　　C. 8　　　　　D. 10

9. 一般工作场所移动照明用的灯采用的电压是（　　）V。
   A. 80　　　　B. 50　　　　C. 36　　　　　D. 75

10. 家用电器回路漏电保护装置的动作电流数值选择为（　　）mA。
    A. 36　　　　B. 30　　　　C. 25　　　　　D. 15

11. (　　)是一种新型的为满足终端用户多元化能源生产与消费的能源服务方式。
　　A. 能源服务　　　　　　　B. 综合能源服务
　　C. 终端用户服务　　　　　D. 多能源运营服务

12. 低压接户线的相线和中性线或保护线应从同一基电杆引下，其档距不宜超过(　　)m，超过应加装接户杆。
　　A. 20　　B. 30　　C. 35　　D. 40

13. 电杆的横向裂纹宽度不应超过(　　)mm。
　　A. 0.1　　B. 0.2　　C. 0.3　　D. 0.4

14. 拉线安装时，拉线与电杆的夹角不宜小于(　　)。
　　A. 30°　　B. 45°　　C. 60°　　D. 90°

15. 农户必须安装家用漏电保护器，它一般安装在(　　)进线上。
　　A. 电源　　B. 用户

16. 使用钳形电流表测量，应保证钳形电流表的(　　)与被测设备相符。
　　A. 量程　　B. 规格　　C. 电压等级　　D. 参数

17. 目前常采用的裸导线型号为(　　)两大类。
　　A. LJ 和 GJ　　B. GJ 和 TJ　　C. LJ 和 LGJ　　D. LGJ 和 TJ

18. 当拉线发生断线时，起拉线绝缘子距地面不得小于(　　)m。
　　A. 1.5　　B. 2　　C. 2.5　　D. 3

19. 刀开关起(　　)的作用，有明显绝缘断开点，以保证检修人员安全。
　　A. 切断过负荷电流　　　　B. 切断短路电流
　　C. 隔离故障　　　　　　　D. 隔离电压

20. 安装剩余电流动作保护器的低压电流电网，其正常漏电电流不应大于保护器剩余动作电流值的(　　)倍。
　　A. 0.5　　B. 0.6　　C. 0.7　　D. 0.8

21. 测量 380V 以下电气设备的绝缘电阻，应选用(　　)V 的绝缘电阻表。
　　A. 380　　B. 500　　C. 1000　　D. 2500

22. 低压电气带电工作使用的工具应有（　　）。
   A. 绝缘柄　　　B. 木柄　　　C. 塑料柄　　　D. 金属外壳

23. 绝缘电阻表测量额定电压在（　　）V以上的设备时，应选用1000~2500V的绝缘电阻表。
   A. 200　　　　B. 300　　　C. 400　　　　D. 500

24. 接地电阻测试仪使用时，接地棒应垂直插入地面以下（　　）mm处。
   A. 200　　　　B. 300　　　C. 400　　　　D. 500

25. 指针式万用表测量电阻使用完毕，应使转换开关在（　　）最大档位或空档上。
   A. 交流电压　　B. 交流电流　　C. 直流电压　　D. 直流电流

26. 使用（　　）剪切带电导线时，不得用刀口同时剪两根或两根以上导线，以免相线间或相线与中性线间发生短路故障。
   A. 网线钳　　　B. 压接钳　　　C. 剥线钳　　　D. 钢丝钳

27. 低压验电笔是用来测量对地电压（　　）的电气设备，只要带电体与大地之间的电位差超过一定数值，验电笔就会发出辉光，它主要用于检查低压电气设备和低压线路是否带电。
   A. 250V及以下　　　　　　B. 250V以下
   C. 250V以上　　　　　　　D. 250V及以上

28. 冲击电钻电源线应采用铜芯橡皮护套软电缆，其截面积按载流量选择，但不小于（　　）mm²。对具有金属外壳者，应可靠接地。
   A. 0.5　　　　B. 1.0　　　C. 1.5　　　　D. 2.5

29. 绝缘棒应定期进行绝缘试验，一般（　　）年试验一次。
   A. 每　　　　　B. 两　　　　C. 三　　　　　D. 四

30. 绝缘手套、绝缘靴应每（　　）年试验一次。
   A. 半　　　　　B. 一　　　　C. 两　　　　　D. 三

31. 低压电器按（　　）方式不同，可分为自动切换电器和非自动切换电器。
   A. 用途　　　　B. 控制对象　　C. 动作　　　　D. 转换对象

32. 低压配电设备巡视周期宜每（　　　）一次。

　　A. 周　　　　B. 月　　　　C. 季　　　　D. 年

33. 低压保护设备应定期进行（　　　）试验，校验其动作的可靠性。

　　A. 传动　　　B. 出厂　　　C. 绝缘　　　D. 预防性

34. 低压设备接地故障的判断，应使用（　　　）V 绝缘电阻表来判断低压设备接地故障现象。

　　A. 500　　　B. 1000　　　C. 1500　　　D. 2000

35. 利用大地作导体的电力设备其接地装置的试验周期为（　　　）年。

　　A. 1　　　　B. 3　　　　C. 6　　　　C. 8

36. 1kV 以下配电线路和装置的试验要求在（　　　）或大修后或必要时进行。

　　A. 每季　　　B. 每半年　　C. 1～3年　　D. 3～5年

二、多选题

1. 万用表一般可用来测量（　　　）电阻，是电气设备检修、试验和调试等工作中常用的测量工具。

　　A. 直流电压　　B. 直流电流　　C. 交流电压　　D. 交流电流

2. 接地电阻测试仪是专门用于测量（　　　）的接地电阻大小的仪器，又称接地摇表。

　　A. 设备外壳　　　　　　　　B. 电气接地装置
　　C. 避雷接地装置　　　　　　D. 电缆

3. 使用紧线器的注意事项有（　　　）。

　　A. 应理顺紧线器上的钢丝绳，不得将其扭曲，以免发生断绳事故
　　B. 应使用专用摇柄
　　C. 钳口与导线接触处适当采取防护措施，以免伤线
　　D. 棘轮和棘爪应完好、灵活，不应有脱落现象，应定期加入润滑油
　　E. 放松钢丝绳时，应控制摇柄，使放线速度慢而稳，不可突然放松
　　F. 紧线器用完后，不可随便从高处扔下，以防损坏或伤人

4. 使用（　　　）在调整电钻钻头时，应先切断电源。在插接电源时，应检查一下电钻开关，使其处于断开位置。

　　A. 手枪电钻　　B. 冲击电钻　　C. 手提电钻　　D. 电锤

5. 低压验电笔主要用于（　　　　）。
   A. 检查低压电气设备和低压线路是否带电
   B. 区分相线和中性线（地线或零线）
   C. 区分交流或直流电
   D. 判断电压的高低
   E. 另一种情况特别需要注意，当中性线断线后，验电笔的氖管也发光

6. 低压电器按用途和控制对象不同可分为（　　　　）。
   A. 配电电器
   B. 自动切换电器
   C. 控制电器
   D. 非自动切换电器

三、判断题

1. 《低压配电设计规范》规定，在配电线路中固定敷设的铜保护接地中性导体的截面积不应小于10mm²。
   　　　　　　　　　　　　　　　　　　　　　　　　　　　　（　　）

2. 库存超期情况指状态为合格在库、预配待领、领出待装、预领待装且最近一次检定时间与功能检查时间较晚者超过180天的电能表数量。
   　　　　　　　　　　　　　　　　　　　　　　　　　　　　（　　）

3. 《供电营业规则》规定：用户用电的功率因数未达到规定标准或其他用户原因引起的电压质量不合格的，供电企业不负赔偿责任。
   　　　　　　　　　　　　　　　　　　　　　　　　　　　　（　　）

4. 要减小电力设备的电阻，可采取的途径有减小导线的截面，采用性能更优的配电变压器和电能计量装置。
   　　　　　　　　　　　　　　　　　　　　　　　　　　　　（　　）

5. 导线截面越小，发生在线路中的电压损失和功率损失就越小。
   　　　　　　　　　　　　　　　　　　　　　　　　　　　　（　　）

6. 增加并列线路运行，是降低线损的建设措施。
   　　　　　　　　　　　　　　　　　　　　　　　　　　　　（　　）

7. 单相电能表安装时使用有绝缘柄的工具，必须穿工作服，接电时戴好绝缘手套。

（　　）

8. 用指针式万用表测量电阻时，选择量程时，要先选大的、后选小的，尽量使被测值接近于量程。

（　　）

四、简答题

简述电气安全工器具的分类，每类举例至少 2 项。

本章答案

一、单选题

1. B	2. C	3. B	4. A	5. A	6. A	7. B	8. D
9. C	10. B	11. B	12. A	13. A	14. B	15. B	16. C
17. C	18. C	19. D	20. A	21. B	22. A	23. D	24. C
25. A	26. D	27. A	28. B	29. A	30. A	31. D	32. B
33. A	34. A	35. A	36. C				

二、多选题

1. ABCD 2. BC 3. ABCDEF 4. AC 5. ABCDE
6. AC

三、判断题

1. √ 2. √ 3. √ 4. × 5. × 6. × 7. × 8. √

四、简答题

答：电气安全工器具通常分为基本安全工器具（有高压绝缘棒、绝缘夹钳、验电器、高压核相器等）、辅助安全工器具（绝缘手套、绝缘靴、绝缘垫、绝缘台、绝缘绳、绝缘隔板和纺织罩等）和防护安全工器具［安全帽、护目镜、防护面罩、防护工作服、携带型接地线、临时遮栏及各种标识牌、安全带、竹（木）梯、软梯、踩板、脚扣、安全绳和安全网］。

第四章 工作票使用

一、单选题

1. 在一经合闸即可送电到工作地点的断路器和隔离开关的操作把手上，均应悬挂"（　　）"的标识牌，对同时能进行远方和就地操作的隔离开关就地操作把手上悬挂标识牌。

    A. 禁止合闸，有人工作　　B. 在此工作
    C. 止步、高压危险　　　　D. 禁止攀登，高压危险

2. 在进行电气试验时，应在禁止通行的过道上设围栏或临时遮栏，并向外悬挂"（　　）"的标识牌，以警戒他人不许入内。

    A. 禁止合闸，线路有人工作　　B. 止步，高压危险
    C. 在此工作　　　　　　　　　D. 禁止攀登，高压危险

3. 使用验电器前，应先检查验电器的（　　）与被测设备的额定电压是否相符，验电器是否超过有效试验期。

    A. 工作电压　　B. 额定电流　　C. 安全电压　　D. 额定电压

4. 低压电器通常指工作在交流（　　）V及以下电路中的起控制、保护、调节、转换和通断作用的电器。

    A. 220　　B. 380　　C. 500　　D. 1000

5. 运行人员应将发现的缺陷详细记入（　　）内，并提出处理意见，紧急缺陷应立即向领导汇报，及时处理。

    A. 值班记录　　B. 缺陷记录　　C. 检修记录　　D. 应急抢修单

6. 配电线路事故抢修应（　　）。

    A. 填写电力线路第一种工作票
    B. 填写电力线路第二种工作票
    C. 填写事故应急抢修单
    D. 什么都不用填写

7. 不准在电力线路（　　）m范围内放炮采石。

    A. 50　　B. 100　　C. 200　　D. 300

8. 安全标色中，用来标志禁止的颜色是（　　）色。

    A. 红　　B. 黄　　C. 蓝　　D. 黑

9. 安全色中，用来表示注意危险的颜色是（　　）色。
   A. 红　　　　B. 黄　　　　C. 蓝　　　　D. 黑

10. 安全色中，用来表示强制执行的颜色是（　　）色。
    A. 红　　　　B. 黄　　　　C. 蓝　　　　D. 黑

11. 单相三孔插座的保护线应当接在（　　）上。
    A. 相线　　　　　　　　B. 工作中性线
    C. 专用保护线　　　　　D. 不接线

12. 工作票只能延期（　　）次。
    A. 一　　　　B. 两　　　　C. 三　　　　D. 四

13. 发包工程施工涉及运行设备时，工作票应实行（　　）。
    A. 多签发　　B. 单签发　　C. 双签发　　D. 当面签发

14. 装设接地线均应使用（　　）并戴绝缘手套，人体不得碰触接地线或接地的导线。
    A. 绝缘强　　　　　　　B. 专用绝缘绳
    C. 绝缘棒　　　　　　　D. 软铜线

15. 操作票至少应保存（　　）。
    A. 6个月　　B. 1年　　　C. 2年　　　D. 1个月

16. 配电第一种工作票，应在工作（　　）送达设备运维管理单位（包括信息系统送达）。
    A. 前两天　　B. 前一天　　C. 当天　　　D. 前一周

17. 事故紧急抢修应填用工作票或（　　）。
    A. 第一种工作票　　　　B. 第二种工作票
    C. 事故应急抢修单　　　D. 事故紧急抢修单

18. 在工作期间，工作票应始终保留在（　　）手中。
    A. 工作票签发人　　　　B. 工作负责人
    C. 工作许可人　　　　　D. 专责监护人

19. 用户变、配电站的（　　）应是持有效证书的高压电气工作人员。
   A. 工作票签发人　　　　　　B. 工作负责人
   C. 工作许可人　　　　　　　D. 专责监护人

20. 若一张工作票下设多个小组工作，每个小组应指定小组工作负责人（监护人），并使用工作任务单，工作任务单一式两份，由（　　）或工作负责人签发。
   A. 工作票签发人　　　　　　B. 专责监护人
   C. 小组负责人　　　　　　　D. 工作许可人

21. 多个小组工作，（　　）应得到所有小组负责人工作结束的汇报后，方可向工作许可人报告。
   A. 工作票签发人　　　　　　B. 专责监护人
   C. 工作负责人　　　　　　　D. 工作许可人

22. 工作票所列人员的安全责任中，工作前，对工作班成员进行工作任务、安全措施、技术措施交底和危险点告知，并确认每一个工作班成员都已签名是（　　）的安全责任。
   A. 工作票签发人　　　　　　B. 工作负责人（监护人）
   C. 工作许可人　　　　　　　D. 专责监护人

23. 填用电力线路第二种工作票时，不需要履行（　　）手续。
   A. 工作票　　B. 工作许可　　C. 工作监护　　D. 工作交接

24. 已终结的工作票、事故紧急抢修单、工作任务单应保存（　　）。
   A. 3个月　　B. 半年　　C. 一年　　D. 两年

二、多选题

1. 现场勘察应由工作票签发人或工作负责人组织，（　　）参加。
   A. 工作负责人
   B. 设备运维管理单位（用户单位）相关人员
   C. 检修（施工）单位相关人员
   D. 安监人员

2. 书面记录包括（　　）等。
   A. 作业指导书（卡）　　　　B. 派工单
   C. 任务单　　　　　　　　　D. 工作记录

3. 工作票由（　　　）填写。

　　A. 工作票签发人　　　　B. 工作负责人

　　C. 工作许可人　　　　　D. 专责监护人

4. 下列选项中属于工作票签发人的安全责任有（　　　）。

　　A. 确认工作必要性和安全性

　　B. 确认工作票上所列安全措施正确完备

　　C. 确认所派工作负责人和工作班成员适当、充足

　　D. 正确组织工作

5. 同一张工作票多点工作，工作票上的工作地点、（　　　）应填写完整。不同工作地点的工作应分栏填写。

　　A. 线路名称　　　　　　B. 设备双重名称

　　C. 工作任务　　　　　　D. 安全措施

6. 在电气设备上工作，保证安全的技术措施有（　　　）。

　　A. 停电　　　　　　　　B. 验电

　　C. 接地　　　　　　　　D. 悬挂标识牌和装设遮栏（围栏）

7. （　　　）对有触电危险、检修（施工）复杂容易发生事故的工作，应增设专责监护人，并确定其监护的人员和范围。

　　A. 工作票签发人　　　　B. 工作许可人

　　C. 工区领导　　　　　　D. 工作负责人

8. 施工作业现场工作人员要做到"四清楚"，指的是（　　　）。

　　A. 工作任务清楚

　　B. 工作程序清楚

　　C. 工作危险点清楚

　　D. 现场安全防范措施清楚

三、判断题

1. 夜间巡视一般在大风、冰雹、大雪等自然天气变化较大的情况下进行。

　　　　　　　　　　　　　　　　　　　　　　　　　　　（　　　）

2. 特殊巡视时一定要对全线路进行检查。

　　　　　　　　　　　　　　　　　　　　　　　　　　　（　　　）

3. 带电作业工作票不准延期。
（ ）

4. 在配电线路运行标准中规定，转角杆不应向内角侧倾斜，终端杆不应向拉线侧倾斜。
（ ）

5. 1kV 以下线路的导线在非居民区对地的安全距离应不小于 5m。
（ ）

6. 操作人应按操作票填写的顺序逐项操作，每操作完一项，应检查确认后做一个"√"记号，全部操作完毕后进行复查。
（ ）

7. 监护操作时，操作人在操作过程中可以有任何未经监护人同意的操作行为。
（ ）

8. 倒闸操作中产生疑问时，可以更改操作票，应立即停止操作，并向发令人报告。
（ ）

9. 低压表计轮换、采集设备等批量带电装拆时，对同一天、同班组、同类型装置、同类型作业内容的集中区域，不能使用同一张《电能表带电装（拆）作业票》。
（ ）

10. 现场勘察后，现场勘察记录应送交工作负责人及相关各方，作为填写、签发工作票等的依据。
（ ）

11. 一个工作负责人不能同时执行多张工作票。
（ ）

12. 工作负责人、工作许可人、专责监护人应始终在工作现场。
（ ）

四、简答题

1. 供电所安全实训项目包括哪些内容？

2. 哪些区域应按规定设置明显的警示标志?

3. 操作中对监护人的要求是什么?

本章答案

一、单选题

1. A	2. B	3. A	4. D	5. B	6. C	7. D	8. A
9. B	10. C	11. C	12. A	13. C	14. C	15. B	16. B
17. D	18. B	19. C	20. A	21. C	22. B	23. B	24. C

二、多选题

1. ABC 2. ABCD 3. AB 4. ABC 5. ABCD
6. ABCD 7. AD 8. ABCD

三、判断题

1. × 2. × 3. √ 4. × 5. × 6. √ 7. × 8. ×
9. × 10. × 11. √ 12. ×

四、简答题

1. 答：供电所安全实训项目包括两票培训、反违章、安全风险管控及典型安全事故案例等内容。

2. 答：下列区域按规定应设置明显的警示标志：架空电力线路穿越人口密集、人员活动频繁的地区；车辆、机械频繁穿越架空电力线路的地段；电力线路上的变压器平台；临近道路的拉线；电力线路附近的鱼塘。

3. 答：（1）监护人应由有经验的人员担任。

（2）监护人在操作前应协助操作人检查在操作中使用的安全用具、审核操作票等。

（3）监护人必须在操作现场，始终监护操作的正确性。不得擅离职守，参与同监护工作无关的事宜。

（4）每一操作步骤完成后，应检查开关设备的位置、仪表指示、联锁及标识牌等情况是否正确。

（5）设备投入运行后，应检查电压、电流、声音、信号显示、油面等是否正常。

第二篇 ▶▶ 营销模块

本模块为营销模块，分为五个部分，考查以装表接电、采集运维、业扩报装、95598服务和抄表催费为主的知识点，共设置单选题222题，多选题91题，填空题27题，判断题308题，简答题71题，综合题7题，进一步提高供电所员工的营销业务能力，供"全能型"供电所的员工和电力培训机构参考。

第五章 装表接电

一、单选题

1. 2018年，国网浙江省电力公司供电所管理工作目标提出，供电所台区经理"人人过关"培训覆盖率达到（   ）。
    A. 100%   B. 90%以上   C. 75%   D. 50%

2. 计费电能表及附件的购置、安装、移动、更换、校验、拆除、加封、启封及表计接线等，均由（   ）负责办理，用户应提供工作上的方便。
    A. 用户   B. 客户   C. 供电企业   D. 用电企业

3. 《国家电网公司供电服务质量标准》规定，受理客户计费电能表校验申请后，应在（   ）个工作日内书面提供校验结果。
    A. 5   B. 7   C. 10   D. 15

4. 下面选项（   ）全部为变更用电。
    A. 减容、暂换、暂拆、分户   B. 增容、迁址、过户、改类
    C. 暂停、移表、销户、新装   D. 暂停、移表、销户、增容

5. 根据《关于规范电能表申校工作的措施和要求》，省计量中心、地市（县）供电企业受理客户计费电能表校验申请后，在（   ）个工作日内出具检测结果。
    A. 3   B. 4   C. 5   D. 6

6. 封印管理的目的是（   ）。
    A. 防窃电   B. 防止设备损坏
    C. 保证设备完整和准确   D. 行业标志

7. 计量装置安装后检查的简要步骤为（   ）。
    A. 施工完毕接线检查、通电检查、加锁、加封、回单
    B. 施工完毕接线检查、通电检查、加封、加锁、回单
    C. 施工完毕接线检查、加封、加锁、通电检查、回单
    D. 施工完毕接线检查、加封、通电检查、加锁、回单

8. 各级计量技术机构应加强计量标准装置的运行、维护管理，定期开展计量标准的（   ）和标准量值的比对工作。
    A. 期间核查   B. 量值溯源   C. 核查比对   D. 检验检测

9. 表计拆回到拆回入库日期不得超过（　　）天。
　　A. 30　　　　　B. 60　　　　　C. 90　　　　　D. 180

10. 低压接户线一般两悬挂点的间距不宜大于（　　）m，若超过就应加装接户杆。
　　A. 15　　　　　B. 25　　　　　C. 0.03　　　　D. 0.02

11. 根据《计量装置施工质量治理重点》，以下对智能电能表二次回路连接导线的颜色描述错误的是（　　）。
　　A. A 相为黄色　　　　　　　B. B 相为绿色
　　C. C 相为红色　　　　　　　D. 中性线为黄绿双色

12. 排除电能计量装置故障时，必须和（　　）一起在现场对故障现象予以签字确认，并拍摄故障时的现场照片。
　　A. 电能计量人员　　　　　　B. 用电检查人员
　　C. 客户　　　　　　　　　　D. 营销稽查人员

13. 下列关于计量电能表安装要点的叙述中，错误的是（　　）。
　　A. 装设场所应清洁、干燥、不受振动、无强磁场影响
　　B. 20 级有功电能表正常工作的环境温度要在 0～40℃之间
　　C. 电能表应在额定的电压和频率下使用
　　D. 电能表必须垂直安装

14. 智能表载波通信时，RXD 灯闪烁表示（　　）。
　　A. 模块向电网接收数据
　　B. 模块向电网发送数据
　　C. 模块向电网接收并发送数据数据
　　D. 以上都是

15. 智能表载波通信时，TXD 灯闪烁表示（　　）。
　　A. 模块向电网发送数据
　　B. 模块向电网接收数据
　　C. 模块向电网接收并发送数据数据
　　D. 以上都是

16. 智能电能表及采集终端事件 1 级为紧急事件，采集策略为（　　）。
　　A. 主动上报　　B. 每日采集　　C. 每月采集　　D. 按需采集

17. 根据《国家电网公司电能表质量管控办法》，在新装和换装电能表后（　　）发行电费时，提供短信提醒服务。

　　A. 每一次　　B. 第一次　　C. 前两次　　D. 前三次

18. 开展强制管理计量器具检定，必须依法取得计量（　　）。

　　A. 规范考核　　B. 机构认证　　C. 国家认可　　D. 检定授权

19. 换表后发生空电量、零电量，需在（　　）天以内现场排查确认原因。

　　A. 3　　　　　B. 5　　　　　C. 7　　　　　D. 10

20. 供电企业应在用户每一个受电点内按不同（　　）类别，分别安装用电计量装置。

　　A. 电价　　　B. 行业　　　C. 使用　　　D. 用电

21. 在用户受电点内难以按电价类别分别装设用电计量装置时，可装设总的用电计量装置，然后按其不同电价类别的用电设备容量的（　　）或定量进行分算，分别计价。

　　A. 数量　　　B. 比例　　　C. 多少　　　D. 大小

22. 对（　　）kV及以下电压供电的用户，应配置专用的电能表计量柜（箱）。

　　A. 0.4　　　　B. 35　　　　C. 0.22　　　D. 10

23. 用电计量装置原则上应装在（　　）设施的产权分界处。

　　A. 用电　　　B. 供电　　　C. 售电　　　D. 配电

24. 计费电能表装设后，（　　）应妥善保护，不应在表前堆放影响抄表或计量准确及安全的物品。

　　A. 供电企业　　　　　　　B. 供电部门
　　C. 产权所有者　　　　　　D. 客户

25. 根据抄表日程，按（　　）领取抄表机，准备好抄表所需工具。

　　A. 例日　　　B. 日期　　　C. 日子　　　D. 日程

26. 当电能表时间与北京时间相比超过（　　）时，判定时钟超差。

　　A. 6min　　　B. 比较短　　C. 10min　　D. 5min

27. 现场抄表的要求，输入现场（　　）并经确认后，即可完成抄表任务。
   A. 数值　　　　B. 表码　　　　C. 示数　　　　D. 表示数

28. 台区下个别电能表采集异常消缺方法错误的是（　　）。
   A. 核对电能表档案，核对其归属的采集器档案
   B. 抄控器来确认电能表的通信是否工作正常
   C. 观察电能表是否带电
   D. 集中器通信故障，检查集中器与主站之间通信是否正常

29. 集中器Ⅰ型状态指示模块数据通信指示灯（　　）闪烁时，表示模块接收数据；（　　）闪烁时，表示模块发送数据。
   A. 红灯　红灯　　　　　　　B. 绿灯　绿灯
   C. 红灯　绿灯　　　　　　　D. 绿灯　红灯

30. 采集器的主接线需要使用至少（　　）mm^{2}的硬芯铜线。
   A. 0.75　　　　B. 1　　　　C. 1.5　　　　D. 2.5

31. 管理线损包含（　　）、营业线损及其他原因管理线损。
   A. 固定损耗　　　　　　　　B. 可变损耗
   C. 不明损耗　　　　　　　　D. 计量管理线损

二、多选题

1. 载波远程集中抄表系统依据客户的需要进行不同的设备配置，可实现不同级别的抄表方式，即（　　）。
   A. 集中直接抄表　　　　　　B. 集中间接抄表
   C. 远程自动抄表　　　　　　D. 远程间接抄表

2. 抄表管理不规范风险主要包括（　　）。
   A. 未按规定安排抄表例日
   B. 抄表准备、数据上/下装时限超过工作标准规定，与现场换表等其他业务流程冲突
   C. 未按抄表例日抄表
   D. 对电卡表、远程抄表系统、集中抄表系统等客户未定期开展现场核对及维护工作

3. 营销业务应用系统内抄表段管理包括（　　）。
   A. 建立包括抄表段名称、编号、管理单位

B. 建立和调整抄表方式

C. 建立和调整抄表周期、例日

D. 对空抄表段进行注销

4. 台区考核单元中，可统计查询到的信息有（　　）。

A. 电能可靠率　　　　　　B. 电能表可采率

C. 线损率　　　　　　　　D. 折算线损率

5. 台区考核单元中，点击考核指标按钮，进行低压线损考核统计页面，可查看的考核信息有（　　）。

A. 供电可靠率　　　　　　B. 线损监测率

C. 线损合格率　　　　　　D. 电压合格率

6. 营销管理信息系统具有线损（　　）等功能。

A. 计算　　　　　　　　　B. 计量

C. 分析　　　　　　　　　D. 统计

7. 载波远程集中抄表系统依据客户的需要进行不同的设备配置，可实现不同级别的抄表方式，即（　　）。

A. 集中直接抄表　　　　　B. 集中间接抄表

C. 远程自动抄表　　　　　D. 远程间接抄表

8. 《国网浙江省电力公司分布式光伏发电项目并网服务管理实施细则》规定，对于利用屋顶及附属场地建设的分布式光伏发电项目，项目业主可选择的发电量消纳方式为（　　）。

A. 全部自用　　　　　　　B. 全额上网

C. 自发自用余电上网　　　D. 部分转供

9. 《国家电网公司分布式电源并网服务管理规则（修订版）》规定，分布式电源并网服务按照（　　）的基本原则。

A. 四个统一　　　　　　　B. 办事公开

C. 便捷高效　　　　　　　D. 一口对外

10. 根据《国家电网公司电能计量封印管理办法》，下列符合要求的是（　　）。

A. 封印使用人员在安装使用封印时应按照"谁使用、谁负责"的原则，严格按照规定的权限使用封印

B. 使用人只限于从事计量检定、采集运维、用电检查、装表接电等专业人员

C. 不允许超越职责范围使用

D. 根据工作需要可以跨区域随意使用

11. 根据《计量装置施工质量治理重点》，低压电流互感器对接线的要求有（　　）。

　　A. 接线正确，各电气连接紧密　　B. 配线整齐美观

　　C. 导线无损伤　　　　　　　　　D. 绝缘性能良好

三、判断题

1. 根据《国家电网供电服务"十项承诺"》，受理客户计费电能表校验申请后，5个工作日内出具检测结果。

（　　）

2. 供电企业必须按规定的周期校验、轮换计费电能表，并对计费电能表进行不定期检查。发现计量失常时，应查明原因。

（　　）

3. 换表频次异常指本月发生的本年度累计换表超过3次。

（　　）

4. 分布式光伏业务在受理客户申请时应首先明确该分布式光伏发电项目的电量消纳方式。

（　　）

5. 根据《国家电网公司电能表质量管控办法》，在新装和换装电能表后第一次发行电费时，不需要提供提醒服务。

（　　）

6. 根据《国家电网公司电能表质量管控办法》，加强现场施工队伍管理，要求加大错接线、计量串户等计量服务质量事件处罚力度。

（　　）

7. 采用剩余电流动作保护电器作为间接接触防护电器的回路时，必须装设保护导体。

（　　）

8. 电能计量点原则上应设置在便于抄表和日常维护的地方。
（   ）

9. 《供电营业规则》规定：用户为满足内部核算的需要，可自行在其内部装设考核能耗用的电能表，该表所示读数，特殊情况下可作为供电企业计费依据。
（   ）

10. 《供电营业规则》规定：计费电能表及附件的购置、安装、移动、更换、校验、拆除、加封、启封及表计接线等，均由用户负责办理，供电企业应提供工作上的方便。
（   ）

11. 可以将移动作业终端的 SIM 卡用于其他设备。
（   ）

12. 移动作业终端只能连接电力内网，禁止连接外网。不得与接入内网的计算机相连，不得私自更换 SIM 卡。
（   ）

13. 合理安排配电网运行方式，确保电网可靠经济运行，是降低线损的建设措施。
（   ）

14. 分布式光伏发电项目自表计安装完毕及合同、协议签署完毕之日起 10 个工作日内完成并网验收及调试。
（   ）

15. 用户使用的电力电量，以计量设备生产企业生产的用电计量装置的记录为准。
（   ）

16. 加快"多表合一"信息采集建设应用，推广基于智能电能表扫码共享用电功能，为农业排灌等临时用电提供便捷服务。
（   ）

17. 加强对服务关键岗位和重点业务管控，规范服务行为，严格电能表换装程序手续，有效治理乱收费现象。

( )

18.《供电营业规则》规定，对于高压供电用户，原则上电能计量装置应安装在变压器的低压侧，并按标准公式收取变压器损耗。

( )

19.《供电营业规则》规定，电压互感器保险熔断的，按规定计算方法计算值补收相应电量的电费；无法计算的，以用户正常月份用电量为基准，按正常月与故障月的差额补收相应电量的电费，补收时间按抄表记录或按失压自动记录仪记录确定。

( )

20.《供电营业规则》规定，用户遇有紧急情况，可自行移动表位，但事后应立即向供电企业报告。

( )

21.《供电营业规则》规定，电力客户认为计费电能表不准时，有权向供电企业提出校验申请，并缴纳验表费。电能表经校验后，无论误差是否在允许范围内，验表费都不予退还。

( )

22.《供电营业规则》规定，用户在申请验表期间，其电费仍应按期缴纳，验表结果确认后，再行退补电费。

( )

23.《供电营业规则》规定，当用电计量装置不安装在产权分界处时，线路与变压器损耗的有功与无功电量由供电企业负担。

( )

24.《供电营业规则》规定：高压用户的成套设备中装有自备电能表及附件时，经供电企业检验合格、加封并移交供电企业维护管理的，可作为计费电能表。

( )

25. 私自启动表计封印属于窃电行为。

( )

26. 移表工作由供电企业办理，客户不论何种原因，未经许可不得自行移动表位，如私自移表，按违约用电处理。

（　　）

27. 私自停用电压互感器属于违约用电。

（　　）

28. 《供电营业规则》规定，对于高压供电用户原则上电能计量装置应安装在变压器的低压侧，并按标准公式收取变压器损耗。

（　　）

29. 当用电计量装置不安装在产权分界处时，线路与变压器损耗的有功与无功电量由供电企业负担。

（　　）

30. 伪造或者开启法定的或者授权的计量检定机构加封的用电计量装置封印用电的不属于窃电行为。

（　　）

四、简答题

1. 电网管理单位与分布式电源用户签订的并网协议中，在安全方面至少应明确哪些内容？

2. 采集器的常见故障有哪些？

3. 为了保证采集系统的正常运行，维持系统时刻保持在最佳运行状态，务必要对系统进行一定的日常维护，有哪些好的建议？

4. 衡量电能质量的指标包括哪些？

5. 由于计费计量的互感器、电能表的误差及其连接线电压降超出允许范围或其他非人为原因致使计量记录不准时，供电企业应如何退补相应电量的电费？

本章答案

一、单选题

1. A 2. C 3. A 4. A 5. C 6. C 7. A 8. A
9. A 10. B 11. D 12. C 13. B 14. A 15. A 16. A
17. B 18. D 19. C 20. A 21. B 22. D 23. B 24. D
25. A 26. D 27. D 28. D 29. C 30. D 31. D

二、多选题

1. ABC 2. ABCD 3. ABCD 4. BCD 5. BC
6. ACD 7. ABC 8. ABC 9. ACD 10. ABC
11. ABCD

三、判断题

1. √ 2. √ 3. √ 4. √ 5. × 6. √ 7. √ 8. ×
9. × 10. × 11. × 12. √ 13. × 14. × 15. × 16. √
17. √ 18. × 19. √ 20. √ 21. × 22. √ 23. √ 24. √
25. √ 26. √ 27. × 28. × 29. × 30. ×

四、简答题

1. 答：并网协议至少应明确下述内容：

（1）并网点开断设备（属用户）操作方式；

（2）检修时的安全措施。双方应相互配合做好电网停电检修的隔离、接地、加锁或悬挂标识牌等安全措施，并明确并网点安全隔离方案。

（3）由电网管理单位断开的并网点开断设备，仍应由电网管理单位恢复。

2. 答：采集器的常见故障有：

（1）整个台区完全采集不到数据；

（2）集中器可以采集台区部分数据，部分采集失败；

（3）集中器有时可以采集数据，有时不能采集数据；

（4）个别电能表信息无法采集。

3. 答：（1）时刻统计台区的用户变化情况，及时完成相应的用电流程及更改营销系统中用户档案，使其时刻保持与现场用户情况一致，以保证采集系统的档案时刻正确。

（2）对于个别电能表损坏的情况，应及时换表，并完成相应的换表流程，保证系统正常。

（3）应对出现采集故障的台区及时进行维护，对出现故障的采集器、集中器进行维护，并及时完成相应的档案更改流程。

4. 答：衡量电能质量的指标包括：电压、频率、波形变化率。

5. 答：由于计费计量的互感器、电能表的误差及其连接线电压降超出允许范围或其他非人为原因致使计量记录不准时，供电企业应按下列规定退补相应电量的电费：

（1）互感器或电能表误差超出允许范围时，以"0"误差为基准，按验证后的误差值退补电量。退补时间从上次校验或换装后投入之日起至误差更正之日止的二分之一时间计算。

（2）连接线的电压降超出允许范围时，以允许电压降为基准，按验证后实际值与允许值之差补收电量。补收时间从连接线投入或负荷增加之日起至电压降更正之日止。

（3）其他非人为原因致使计量记录不准时，以用户正常月份的用电量为基准，退补电量，退补时间按抄表记录确定。

退补期间，用户先按抄见电量如期交纳电费，误差确定后，再行退补。

第六章 采集运维

一、填空题

1. 根据《国家电网公司用电信息采集系统建设管理办法》，采集系统建设是公司坚强智能电网建设的重要组成部分。建设的总体目标是实现对公司经营区域内电力用户的（　　）、（　　）、（　　）。

2. 根据《国家电网公司用电信息采集系统建设管理办法》，严格控制产品质量，依据（　　）和（　　）的要求，开展电能表和采集终端设备检测工作，防范存在质量缺陷或隐患的电能表和采集终端投入运行。

3. 根据《国家电网公司用电信息采集系统建设管理办法》，采集终端应垂直安装，安装应（　　）、（　　）、（　　）。

4. 根据《国家电网公司用电信息采集系统建设管理办法》，各级建设单位应加强（　　）和（　　）的监督管理，防止虚列工程和私自变卖废旧物资的违规行为发生。

5. 根据《国家电网公司用电信息采集系统建设管理办法》，各级建设单位应加强现场施工管理。加强现场服务质量管理，确保"表计换装公告、（　　）"到户；加强"（　　）"的质量管理，建立安装完后必须现场核对户表对应的工作程序。

6. 根据《国家电网公司用电信息采集系统建设管理办法》，各级建设单位应严格执行国家《中华人民共和国安全生产法》，建立和完善采集系统建设的安全保证体系和监督体系。全面落实现场安全责任，严格执行"两票三制""（　　）"规定，强化作业前"停电、验电、（　　）"流程和计量标准化作业指导书执行。

7. 根据《国家电网公司用电信息采集系统运行维护管理办法》，采集系统应用管理的内容包括（　　）、费控功能应用管理、线损监测功能应用管理、（　　）、有序用电功能应用管理、主站与其他系统之间的接口管理、（　　）的管理等。

8. 根据《国家电网公司用电信息采集系统运行维护管理办法》，用户费控管理功能包括对各类客户的预付费电量、电费及各相关参数的设置、（　　）。

9. 根据《国家电网公司用电信息采集系统运行维护管理办法》，计量在线监测功能包括（　　），对告警信息进行分析和判断，安排对故障表计的处理，对于（　　）的异常，应立即通知用电检查人员进行现场核查处理。

10. 根据《国家电网公司用电信息采集系统运行维护管理办法》，在有序用电期间，加强采集系统运行维护，做好用户负荷的（   ）工作。

11.《国家电网公司用电信息采集系统运行维护管理办法》第四条规定，采集系统的运行维护管理遵循（   ）的原则。

12.《国家电网公司用电信息采集系统运行维护管理办法》第十九条规定，系统软件是指采集系统运行配套的（   ）、数据库、中间件、备份系统软件等。

13.《国家电网公司用电信息采集系统运行维护管理办法》第十八条规定，各级运行监控部门每月应汇总分析（   ），针对运行指标中存在的问题提出整改措施，并上报本级营销部。

14. 根据《国家电网公司用电信息密钥管理办法》，用电信息密钥是指由（   ）产生并管理的用于开展（   ）等业务应用所使用的密钥。

15. 根据《国家电网公司用电信息密钥管理办法》，密钥是在（   ）或（   ）的密码算法中输入的一种关键参数。

16. 根据《国家电网公司用电信息密钥管理办法》，密钥安全是保证用电信息采集系统数据安全和信息安全的关键，涉及公司商业秘密，按照公司有关规定，将密钥的密级确定为（   ），密钥管理办法的密级确定为（   ），保密期限为（   ）。

17. 根据《国家电网公司用电信息采集系统时钟管理办法》，用电信息采集系统时钟，是指采集系统的主站、（   ）、采集终端检定（测）装置和计量生产调度平台的时钟。

18. 根据《国家电网公司用电信息采集系统时钟管理办法》，对时钟偏差大于5min 的采集终端，用现场维护终端对其现场校时前，应先用（   ）对现场维护终端校时，再对采集终端校时。

19. 根据《国家电网公司用电信息采集系统时钟管理办法》，时钟校时是指将采集系统的主站、电能表、采集终端的时钟及计量生产调度平台的时钟和（   ）时钟源比对后，对超出误差范围的时钟进行校对的过程。

20. 根据《国家电网公司用电信息采集系统时钟管理办法》，采集系统主站监测分析电能表和采集终端（   ）、（   ）等异常事件，自动提示异常信息。

21. 根据《国家电网公司用电信息采集系统时钟管理办法》，一月内连续两次校时后，时钟偏差仍大于（　　）min 的采集终端或电能表视为存在故障，立即进行处理。

22. 根据《国家电网公司用电信息采集系统时钟管理办法》，时钟运行管理要求按照时钟巡视周期原则上为（　　），以（　　）、（　　）为单元编制主站每月时钟巡检计划。

23. 根据《国家电网公司用电信息采集系统时钟管理办法》，时钟运行管理要求采集系统主站监测分析电能表和采集终端时钟超差、（　　）等异常事件，自动提示异常信息。

24. 根据《国家电网公司用电信息采集系统时钟管理办法》，校时时刻应避免在每日零点、整点时刻附近，避免影响（　　）。

25. 根据《国家电网公司用电信息采集系统时钟管理办法》，对时钟偏差大于 5min 的电能表，用现场维护终端对其现场校时前，应先用（　　）对现场维护终端校时，再对电能表校时。

26. 根据《国家电网公司用电信息采集系统时钟管理办法》，采集系统主站对时钟偏差在 1～5min 范围内的（　　）电能表直接进行远程校时。

27. 根据《国家电网公司用电信息采集系统时钟管理办法》，使用采集主站或采集终端对时钟偏差在 1~5min 范围内的电能表进行（　　）校时。

二、单选题

1. 根据《国家电网公司用电信息采集系统建设管理办法》，（　　）是公司采集系统建设的归口管理部门。

  A. 国网营销部　　　　　　B. 国网发策部
  C. 国网物资部　　　　　　D. 国网计量中心

2. 根据《国家电网公司用电信息采集系统建设管理办法》，采集系统全面建成并运行（　　）年后，应进行后评估，形成后评估报告。

  A. 3　　　　　　　　　　B. 5
  C. 10　　　　　　　　　 D. 原则上不超过一

3. 根据《国家电网公司用电信息采集系统建设管理办法》，各级建设单位应严格执行国家（　　），建立和完善采集系统建设的安全保证体系和监督体系。

  A.《公司法》 B.《合同法》 C.《安全生产法》 D.《劳动法》

4. 根据《国家电网公司用电信息采集系统建设管理办法》，采集系统建设是公司（　　）建设的重要组成部分。

  A. 电费回收   B. 坚强智能电网
  C. 电网自动化   D. 优质服务

5. 根据《国家电网公司用电信息采集系统建设管理办法》，累计实现用电信息采集的用户数/应采集的用户数为（　　）。

  A. 采集抄通率   B. 采集完成率
  C. 采集成功率   D. 采集接入率

6. 根据《国家电网公司用电信息采集系统建设管理办法》，每天用电信息采集系统主站采集成功的用户数/应采集的用户总数为（　　）。

  A. 日采集抄通率   B. 日采集完成率
  C. 日采集成功率   D. 日采集接入率

7. 根据《国家电网公司用电信息采集系统建设管理办法》，采集频度指标计算要求每天（　　）次。

  A. 1   B. 12   C. 24   D. 2

8. 根据《国家电网公司用电信息采集系统建设管理办法》，相邻单项电能表，垂直中心距应不小于（　　）mm。

  A. 150   B. 250   C. 350   D. 100

9. 根据《国家电网公司用电信息采集系统建设管理办法》，电压二次回路导线截面至少应不小于（　　）mm^2。

  A. 2.5   B. 4   C. 6   D. 10

10. 根据《国家电网公司用电信息采集系统建设管理办法》，电流二次回路导线截面至少应不小于（　　）mm^2。

  A. 2.5   B. 4   C. 6   D. 10

11. 根据《国家电网公司用电信息采集系统建设管理办法》，电能计量箱门的开闭应灵活，开启角度不小于（　　）。

  A. 30°   B. 45°   C. 60°   D. 90°

12. 根据《国家电网公司用电信息采集系统建设管理办法》，实际采集的数据项和每个数据项中的数据点占应采集数据项和数据点的比例为（   ）。

    A. 采集数据准确率　　　　　　B. 采集数据完整率
    C. 采集数据成功率　　　　　　D. 采集数据一致率

13. 根据《国家电网公司用电信息采集系统建设管理办法》，采集数据准确的电能表数量占综合验收现场抄表的电能表数量的比例为（   ）。

    A. 采集数据准确率　　　　　　B. 采集数据完整率
    C. 采集数据成功率　　　　　　D. 采集数据一致率

14. 根据《国家电网公司用电信息采集系统建设管理办法》，专变采集终端整点在线率以（   ）为考核周期。

    A. 日　　　　B. 周　　　　C. 月　　　　D. 季

15. 根据《国家电网公司用电信息采集系统建设管理办法》，"全覆盖"指采集系统覆盖公司经营区域内包括（   ）、大型专变用户、中小型专变用户、一般工商业用户、居民用户的全部电力用户计量点和公用配变考核计量点。

    A. 公用配变关口　　　　　　　B. 结算关口
    C. 特种计量关口　　　　　　　D. 军工计量关口

16. 根据《国家电网公司用电信息采集系统运行维护管理办法》，电能表时钟偏差发现数量是指统计周期内，通过用电信息采集系统采集监测发现的时钟误差超过规定偏差范围的电能表数量，应不低于电能表数量的（   ）。

    A. 0.05%　　　B. 0.08%　　　C. 0.10%　　　D. 0.15%

17. 根据《国家电网公司用电信息采集系统运行维护管理办法》，抄表数据应定期进行现场复核，将现场抄表数据与采集数据进行比对。专变用户复核周期不超过 6 个月，低压用户复核周期不超过（   ）。

    A. 1 个月　　　B. 3 个月　　　C. 6 个月　　　D. 1 年

18. 根据《国家电网公司用电信息采集系统运行维护管理办法》，周期复核的同时应完成设备巡视和设备（   ）工作。

    A. 封印检查　　　　　　　　　B. 时钟检查
    C. 信号检查　　　　　　　　　D. 安全隐患检查

19. 根据《国家电网公司用电信息采集系统运行维护管理办法》，现场设备巡视不包括（   ）。

    A. 终端、箱门的封印是否完整

B. 采集终端的线头是否松动或有烧痕迹

C. 抄表数据是否正确

D. 电能表、采集设备是否有报警、异常等情况发生

20. 根据《国家电网公司用电信息采集系统运行维护管理办法》，现场设备故障处理应根据故障影响的（   ）、数量、距离远近及抄表结算日等因素，综合安排现场工作计划。

  A. 用户类型 B. 终端类型 C. 用户数量 D. 终端数量

21. 根据《国家电网公司用电信息采集系统运行维护管理办法》，用电信息采集系统现场设备常规巡视不需要结合开展的工作是（   ）。

  A. 用电检查   B. 周期性核抄

  C. 表计轮换   D. 现场校验

22. 《国家电网公司用电信息采集系统运行维护管理办法》第四条规定，采集系统的运行维护管理遵循（   ）的原则。

  A. 分级部署，集中管理 B. 集中运营，分级管理

  C. 主备配置，高效维护 D. 集中监控、分级维护

23. 《国家电网公司用电信息采集系统运行维护管理办法》第十三条规定，当发现单个专变用户连续（   ）以上、低压用户连续三天以上采集异常时，地市、县供电企业运行监控人员应进行故障分析，并于当天派发工单并跟踪处理情况。

  A. 12 小时 B. 6 小时 C. 一天 D. 两天

24. 《国家电网公司用电信息采集系统运行维护管理办法》第二十二条规定，对于可能影响采集系统正常运行超过（   ）小时的故障或隐患，立即上报，必要时启动应急预案。

  A. 0.5 B. 1 C. 2 D. 5

25. 根据《国家电网公司用电信息密钥管理办法》，用电信息密钥是指由（   ）产生并管理的用于开展用电信息采集、营销售电、电表充值、现场服务和电动汽车充换电等业务应用所使用的密钥。

  A. 用电信息采集系统 B. 营销售电系统

  C. 计量现场维护系统 D. 用电信息密钥管理系统

26. 根据《国家电网公司用电信息密钥管理办法》，密钥的传输采用（   ）。

  A. 网络在线   B. 密码卡离线

  C. 密码机离线   D. USBKEY 离线

27. 根据《国家电网公司用电信息采集系统时钟管理办法》，在运行环节，采集系统主站对偏差大于（　　）的采集终端直接进行远程校时。

　　A. 大于 1min 但小于 3min　　　　B. 大于 1min 小于 5min
　　C. 小于 5min　　　　　　　　　　D. 大于 3min 小于 5min

28. 根据《国家电网公司用电信息采集系统时钟管理办法》，对时钟偏差（　　）的采集终端，用现场维护终端对其现场校时前，应先用标准时钟源对现场维护终端校时，再对采集终端校时。

　　A. 大于 3min　　　　　　　　　　B. 大于 1min 但小于 3min
　　C. 大于 1min 但小于 5min　　　　D. 大于 5min

29. 根据《国家电网公司用电信息采集系统时钟管理办法》，按照时钟巡视周期（原则上为 7 天），以台区、线路为单元编制主站（　　）时钟巡检计划。

　　A. 每日　　　B. 每周　　　C. 每月　　　D. 每季度

30. 根据《国家电网公司用电信息采集系统时钟管理办法》，一月内连续两次校时后，时钟偏差仍大于（　　）min 的采集终端或电能表视为存在故障，立即进行处理。

　　A. 一　　　B. 二　　　C. 三　　　D. 五

31. 根据《国家电网公司用电信息采集系统时钟管理办法》，定期用标准时钟源校准采集系统主站的时钟，校准周期最长为日，保证采集系统主站时钟误差小于（　　）秒/天。

　　A. 0.1　　　B. 0.2　　　C. 0.3　　　D. 0.5

32. 根据《国家电网公司用电信息采集系统时钟管理办法》，在时钟运行管理环节，（　　）负责监测分析电能表和采集终端时钟超差、电池欠压等异常事件，自动提示异常信息。

　　A. 电能表　　　　　　　　　　B. 计量生产调度平台
　　C. 采集系统主站　　　　　　　D. 采集终端

33. 根据《国家电网公司用电信息采集系统时钟管理办法》，对一月内连续（　　）次校时后，时钟偏差仍大于 5min 的采集终端或电能表视为存在故障，立即进行处理。

　　A. 二　　　B. 三　　　C. 四　　　D. 五

34. 根据《国家电网公司用电信息采集系统时钟管理办法》，对时钟偏差大于 5min 的采集终端，对采集终端现场校时前，应（　　）。

　　A. 先用标准时钟源对电能表校时，再对现场终端校时

B. 先用标准时钟源对现场维护终端校时，再对采集终端校时

C. 同时用标准时钟源对采集终端和现场维护终端校时

D. 先用标准时钟源对采集终端校时，再对现场维护终端校时

35. 根据《国家电网公司用电信息采集系统时钟管理办法》，下列（　　）不能作为标准时钟源，省公司应选用同一种时钟源。

　　A. 北斗卫星导航系统　　　　B. GPS 全球卫星定位系统
　　C. NTP 网络时钟源　　　　　D. 现场服务终端时钟源

36. 根据《国家电网公司用电信息采集系统时钟管理办法》，对一月内连续两次校时后，时钟偏差仍大于 5min 的故障采集终端或电能表，应（　　）进行处理。

　　A. 7 天之内　　B. 3 天之内　　C. 1 天之内　　D. 立即

37. 根据《国家电网公司用电信息采集系统时钟管理办法》，定期用标准时钟源校准计量生产调度平台的时钟，校准周期最长为日，保证采集系统主站时钟误差小于（　　）秒/天。

　　A. 0.1　　　　B. 0.2　　　　C. 0.3　　　　D. 0.4

38. 根据《国家电网公司用电信息采集系统时钟管理办法》，（　　）监测分析电能表和采集终端时钟超差、电池欠压等异常事件，自动提示异常信息。

　　A. 采集系统主站　　　　　B. 营销业务应用系统
　　C. 生产调度平台　　　　　D. 稽查监控平台

39. 根据《国家电网公司用电信息采集系统时钟管理办法》，时钟校时是指将对超出（　　）范围的时钟进行校对的过程端时钟检测，制定时钟元器件比对方案。

　　A. 额定　　　　B. 标准　　　　C. 误差　　　　D. 平均

40. 以下集中器、采集器拆除工作中，操作不正确的是（　　）。

　　A. 断开集中器、采集器供电电源，用万用表或验电笔测量无电后，拆除电源线

　　B. 直接拆除电能表和集中器采集器 RS485 数据线缆

　　C. 拆除外置天线，拆除终端

　　D. 移除集中器采集器 RS485 数据线缆外置天线

41. Ⅱ型集中器平均接入户数应在（　　）户以上。

　　A. 7　　　　B. 8　　　　C. 9　　　　D. 10

42. 线损率在（　　）台区为线损正常台区。

　　A. 0～7　　　　B. 0～8　　　　C. 0～10　　　　D. 1～7

43. 配电箱内连接计量仪表互感器的二次侧导线，采取采截面积不小于（　　）mm² 的铜芯绝缘导线。

　　A. 6　　　　　B. 4　　　　　C. 2.5　　　　D. 1.5

44. 根据《关于规范电能表申校工作的措施和要求》，客户对实验室检定结果有异议的，经核验无误后，应委派专人与客户一同将电能表送（　　）检定。

　　A. 省级计量中心
　　B. 对地市（县）计量检测机构
　　C. 本地区技术监督局指定的法定计量检定机构
　　D. 以上都不对

三、多选题

1. 根据《国家电网公司用电信息采集系统建设管理办法》，用电信息采集系统建设管理办法适用于公司采集系统建设的项目立项、施工准备以及（　　）。

　　A. 现场施工　　　　　　　　B. 竣工验收
　　C. 项目内部审核　　　　　　D. 结（决）算

2. 根据《国家电网公司用电信息采集系统建设管理办法》，用电信息采集系统建设的总体目标包括（　　）。

　　A. 全覆盖　　　B. 全采集　　　C. 全电子　　　D. 全费控

3. 根据《国家电网公司用电信息采集系统建设管理办法》，各级营销部门应按照"（　　）"的原则，开展采集系统建设监督与考核。

　　A. 分级管理　　B. 逐级考核　　C. 领导考核　　D. 奖罚并重

4. 根据《国家电网公司用电信息采集系统建设管理办法》，遵循"（　　）"的原则，开展台区采集安装标准化验收。

　　A. 安装一片　　B. 调试一片　　C. 保证一片　　D. 应用一片

5. 根据《国家电网公司用电信息采集系统建设管理办法》，采集系统建设应符合坚强智能电网"（　　）"的要求。

　　A. 统一实施　　B. 统一标准　　C. 统一规划　　D. 统一建设

6. 根据《国家电网公司用电信息采集系统运行维护管理办法》，在有序用电期间，加强采集系统运行维护,做好以下(　　　　)工作。
A. 用户负荷的实时监控　　B. 异常处理工作
C. 设备巡视　　D. 有序用电方案审核

7. 根据《国家电网公司用电信息采集系统运行维护管理办法》,对于采集系统(　　　　)等操作,各级供电企业应加强操作权限的管理,根据相关的管理规定严格履行系统内、外部各环节的审批流程,确保操作的规范性,实现闭环管理。
A. 费控管理　　B. 有序用电管理
C. 远程参数设置　　D. 主站任务设置

8. 根据《国家电网公司用电信息采集系统运行维护管理办法》,各级供电企业可根据实际运行情况,下列(　　　　)业务可采用第三方外包运维。但应按照招投标相关规定选择外包运维队伍,签订外包合同,合同应明确考核内容,并附安全、保密协议。
A. 主站　　B. 通信信道　　C. 现场设备　　D. 低压线路

9. 根据《国家电网公司用电信息采集系统运行维护管理办法》,现场设备巡视工作应做好巡视记录,巡视内容包括(　　　　)。
A. 终端、箱门的封印是否完整,计量箱及门是否有损坏
B. 采集终端的线头是否松动或有烧痕迹,液晶显示屏的是否清晰或正常显示。采集终端外置天线是否损坏,无线公网信道信号强度是否满足要求
C. 采集终端环境是否满足现场安全工作要求,有无安全隐患
D. 检查控制回路接线是否正常,有无破坏。电能表、采集设备是否有报警、异常等情况发生

10. 根据《国家电网公司用电信息密钥管理办法》,用电信息密钥(以下简称"密钥")是指由用电信息密钥管理系统产生并管理的用于开展(　　　　)业务应用所使用的密钥。
A. 用电信息采集
B. 营销售电
C. 电能表充值和电动汽车充换电
D. 现场服务

11. 《国家电网公司用电信息采集系统时钟管理办法》中所称的时钟是指(　　　　)。
A. 用电信息采集系统主站时钟　　B. 电能表时钟
C. 采集终端时钟　　D. 计量生产调度平台时钟

12. 根据《国家电网公司用电信息采集系统时钟管理办法》，时钟源设置在采集系统中，应在（　　　　）配置标准时钟源。

  A. 电能表　　　　　　　　　B. 采集系统主站

  C. 采集终端　　　　　　　　D. 计量生产调度平台

13. 根据《国家电网公司用电信息采集系统时钟管理办法》，校时时刻应避免在（　　　　）附近，避免影响电能表数据冻结。

  A. 每日零点　　　　　　　　B. 每日十二点

  C. 半点时刻　　　　　　　　D. 整点时刻

14. 根据《国家电网公司用电信息采集系统时钟管理办法》，按照时钟巡视周期（原则上为7天），以（　　　　）为单元编制主站每月时钟巡检计划。

  A. 台区　　　B. 街道　　　C. 线路　　　D. 楼宇

15. 根据《国家电网公司用电信息采集系统时钟管理办法》，时钟校时是指将采集系统的（　　　　）时钟和上一级时钟源比对后，对超出误差范围的时钟进行校对的过程。

  A. 采集系统的主站　　　　　B. 电能表

  C. 采集终端　　　　　　　　D. 计量生产调度平台

16. 开展营业厅互动化建设，积极推进实体营业厅功能转型，强化（　　　　）等新业务推广，设立电子座席，满足客户线上业务需求快速响应。

  A. 客户服务　　　　　　　　B. 电能替代

  C. "多表合一"信息采集　　　D. 电能采集

17. 电能计量装置投产后发生的故障、差错，如与（　　　　）集中检修等单位有关时，应通知相关单位派人参与调查分析。

  A. 设计　　　B. 制造　　　C. 施工安装　　　D. 调试

18. 剩余电流动作保护器监控系统主要管控指标分别是（　　　　）。

  A. 安装率　　　　　　　　　B. 投运率

  C. 重复跳闸率　　　　　　　D. 异常处理率

19. 剩余电流动作保护器发生无通信异常处理措施有（　　　　）。

  A. 检查 RS485 接线是否正确

  B. 检查 RS485 端口是否良好

  C. 检查 RS485 端口电压是否正常

  D. 终端通信是否正常

20. 太阳能光伏发电优势是（　　　　），可在任何地方快速安装，无噪声、无有害排放和污染气体。

　　A. 太阳能资源丰富且免费
　　B. 没有会磨损、毁坏或需替换的活动部件
　　C. 保持系统运转仅需很少的维护
　　D. 投资费用省

21. 充换电设施是与电动汽车发生电能交换的相关设施的总称，一般包括（　　　　）等。

　　A. 充电站　　　B. 换电站　　　C. 充电塔　　　D. 分散充电桩

22. 电能替代胡主要模式有（　　　　）。

　　A. 以电代煤　　　　　　B. 以煤代电
　　C. 以电代油　　　　　　D. 以油代电

23. 能效电厂（EPP）具有（　　　　）响应速度快等显著优势。

　　A. 建设周期短　　B. 零排放　　　C. 零污染　　　D. 供电成本低

四、判断题

1. 《国家电网公司用电信息采集系统建设管理办法》规定，根据各级供电企业实际运行情况，对于主站、通信信道、现场设备需要采用第三方外包运维的，应按照招投标相关规定选择外包运维队伍，签订外包合同，合同应明确考核内容，并附安全、保密协议。

（　　）

2. 根据《国家电网公司用电信息采集系统建设管理办法》，"全覆盖"指采集系统覆盖公司经营区域内包括结算关口、大型专变用户、中小型专变用户、一般工商业用户、居民用户的全部电力用户计量点和公用配变考核计量点。

（　　）

3. 根据《国家电网公司用电信息采集系统建设管理办法》，采集系统建设应符合坚强智能电网"统一规划、统一标准、统一应用"的要求，严格执行公司用电信息采集系统、智能电能表、采集系统主站软件标准化设计等技术标准和安全防护相关规定。

（　　）

4. 根据《国家电网公司用电信息采集系统建设管理办法》，各级建设单位应组

织各施工单位在开工前履行完整的开工手续，编制施工方案和工程开工报告，其中保证安全的组织措施和技术措施应符合《电力安全工作规程》要求，经管理单位审核通过后方可组织现场施工。

（　　）

5. 根据《国家电网公司用电信息采集系统建设管理办法》，各级建设单位应严格执行国家《中华人民共和国安全生产法》，建立和完善采集系统建设的安全保证体系和监督体系。全面落实现场安全责任，严格执行"两票三制"规定，强化作业前"停电、验电、挂地线"流程和计量标准化作业指导书执行。

（　　）

6. 根据《国家电网公司用电信息采集系统建设管理办法》，遵循"安装一片、调试一片、费控一片"的原则，开展台区采集安装标准化验收。

（　　）

7. 根据《国家电网公司用电信息采集系统运行维护管理办法》，在有序用电期间，或气候剧烈变化(如雷雨、大风、暴雪)后采集终端出现大面积离线或其他异常时，应开展特别巡视。

（　　）

8. 根据《国家电网公司用电信息采集系统运行维护管理办法》，抄表数据应定期进行现场复核，将现场抄表数据与采集数据进行比对。专变用户复核周期不超过6个月，低压用户复核周期不超过半年。

（　　）

9. 根据《国家电网公司用电信息采集系统运行维护管理办法》，抄表数据应定期进行现场复核，将现场抄表数据与采集数据进行比对。

（　　）

10. 根据《国家电网公司用电信息采集系统运行维护管理办法》，专变用户复专变用户复核周期不超过12个月，低压用户复核周期不超过2年。

（　　）

11. 根据《国家电网公司用电信息采集系统运行维护管理办法》，周期复核的同时应完成设备巡视和设备时钟检查工作。

（　　）

12. 根据《国家电网公司用电信息采集系统运行维护管理办法》，低压用户日采集成功率是指统计周期内，用电信息采集主站系统 24 小时内成功采集低压用户数占应采集的低压用户总数的比率，月、季、年统计日平均值。

（   ）

13. 根据《国家电网公司用电信息采集系统运行维护管理办法》，终端当前在线率是指统计周期内，每天 12 点时刻，当前用电信息采集终端在线数量与投入运行的用电信息采集终端总数量的比率，月、季、年统计日平均值。

（   ）

14. 根据《国家电网公司用电信息采集系统运行维护管理办法》，采集设备和电能表应纳入计量资产全寿命周期管理。

（   ）

15. 根据《国家电网公司用电信息采集系统运行维护管理办法》，电能表时钟偏差发现数量是指通过用电信息采集系统采集监测发现的时钟误差超过规定偏差范围的电能表数量，应不低于电能表数量的 0.10%。

（   ）

16. 《国家电网公司用电信息采集系统运行维护管理办法》第三十六条规定，远程通信信道升级改造影响采集系统正常通信的，运维单位应提前 7 天报所属各级单位营销部。

（   ）

17. 《国家电网公司用电信息采集系统运行维护管理办法》第三十七条规定，运维单位每年应开展通道运行情况的统计分析，根据通信信道运行情况和数据业务增长需求，制定远程信道升级改造方案，列入下一年综合计划。

（   ）

18. 根据《国家电网公司用电信息密钥管理办法》，密钥是在明文转换为密文或将密文转换为明文的密码算法中输入的一种常量。

（   ）

19. 根据《国家电网公司用电信息采集系统时钟管理办法》，选择北斗卫星导航系统、GPS 全球卫星定位系统、NTP 网络时钟源之一作为标准时钟源，省公司应选用不同种时钟源。

（   ）

20. 根据《国家电网公司用电信息采集系统时钟管理办法》，定期用标准时钟源校准采集系统主站的时钟，校准周期最长为月，同步精度优于 ±0.2 微秒，保证采集系统主站时钟误差小于 0.1 秒 / 天。

（　　）

21. 根据《国家电网公司用电信息采集系统时钟管理办法》，在运行环节，采集系统主站对偏差大于 1min 但小于 3min 的采集终端直接进行远程校时。

（　　）

22. 根据《国家电网公司用电信息采集系统时钟管理办法》，对时钟偏差大于 5min 的采集终端，用现场维护终端对其现场校时前，应先用标准时钟源对现场维护终端校时，再对采集终端校时。

（　　）

23. 根据《国家电网公司用电信息采集系统时钟管理办法》，电能表校时时刻应避免在每日零点、整点时刻附近，避免影响电能表数据冻结。

（　　）

24. 根据《国家电网公司用电信息采集系统时钟管理办法》，采集系统主站对时钟偏差在 1min 至 3min 范围内的 GPRS 电能表直接进行远程校时。

（　　）

25. 根据《国家电网公司用电信息采集系统时钟管理办法》，对时钟偏差大于 5min 的采集终端，用现场维护终端对其现场校时前，应先用标准时钟源对现场维护终端校时，再对采集终端校时。

（　　）

26. 根据《国家电网公司用电信息采集系统时钟管理办法》，校时的时点应避免在每日零点和整点，避免影响电能表数据冻结。

（　　）

27. 根据《国家电网公司用电信息采集系统时钟管理办法》，在校验环节，用检定装置时钟对采集终端进行校时，应先校时后检测。

（　　）

28. 根据《国家电网公司用电信息采集系统时钟管理办法》，对一月内连续三次校时后，时钟偏差仍大于 5min 的采集终端或电能表视为存在故障，立即进行处理。
（   ）

29. 根据《国家电网公司用电信息采集系统时钟管理办法》，时钟校时是指将采集系统的主站、电能表、采集终端的时钟及计量生产调度平台的时钟和同级时钟源比对后，对超出误差范围的时钟进行校对的过程。
（   ）

30. 根据《国家电网公司用电信息采集系统时钟管理办法》，营销业务应用系统监测分析电能表和采集终端时钟超差、电池欠压等异常事件，自动提示异常信息。
（   ）

31. 计量异常应退补用户应在 3 个月内完成退补。
（   ）

32. Ⅱ型采集器装出及时性指Ⅱ型采集器领出待装时间超过 15 天。
（   ）

33. 剩余电流末级保护可根据网络分布情况装设在分支配电箱的电源线上。
（   ）

34. 供电营业厅应向客户提供一种可供选择的交纳电费方式。
（   ）

35. 拒绝签收催费通知单的客户，可通过公证送达、挂号信等方式让客户签收。
（   ）

36. 远程费控电能表，本地主要实现计量功能，没有本地计费功能，电能表只是一个计量器具和控制的执行单元。
（   ）

37. 远程费控电能表，本地具有计量功能和计费功能。
（   ）

38. 营业厅工作人员可为客户办理密码修改和密码重置业务，重置密码时，需提供实名制认证信息，修改密码时需要输入原密码。

（   ）

39. 太阳能光伏发电系统主要有三种：并网光伏发电系统、独立光伏发电系统（离网系统）、混合系统。

（   ）

40. 线损指标设置是给每个单位设置线损相关的数据指标，用实际线损率与指标比较，反映出线损管理水平上升或下降幅度，找出差距和不足，是考核线损的主要依据。

（   ）

41. 增设无功补偿装置是降低线损的建设措施。

（   ）

42. 电能替代是在终端能源消费环节，使用电能替代散烧煤、燃油的能源消费方式。

（   ）

43. 配电屏内控制开关应垂直安装，上端接电源，下端接负荷。

（   ）

五、简答题

1. 根据《国家电网公司用电信息采集系统建设管理办法》，低压电流互感器安装质量验收标准是什么？

2. 根据《国家电网公司用电信息采集系统建设管理办法》，日采集成功率的指标定义和指标计算要求是什么？

3. 根据《国家电网公司用电信息采集系统建设管理办法》，采集终端电源回路接线要求的标准是什么？

4. 根据《国家电网公司用电信息采集系统建设管理办法》，各级单位应如何加强采集建设的现场施工管理？

5. 根据《国家电网公司用电信息采集系统运行维护管理办法》，用电信息采集系统现场设备运行巡视包括哪些内容？

6. 根据《国家电网公司用电信息采集系统运行维护管理办法》，采集系统运行考核指标至少应包括哪些？

7. 根据《国家电网公司用电信息采集系统运行维护管理办法》，各级供电企业对采集系统外包队伍的管理应包括哪些内容？

8. 《国家电网公司用电信息采集系统运行维护管理办法》第二条规定，国家电网公司用电信息采集系统运行维护管理办法所指的采集系统运行维护对象，主要包括哪些？

9. 《国家电网公司用电信息采集系统运行维护管理办法》第十三条规定，采集运行情况监控主要包括哪些内容？

10. 《国家电网公司用电信息采集系统运行维护管理办法》第十六条规定，运维换表等环节的采集调试情况监控主要包括哪些内容？

11. 《国家电网公司用电信息密钥管理办法》的适用范围是什么？

12. 《国家电网公司用电信息密钥管理办法》中规定的密码设备包括哪些？

13. 根据《国家电网公司用电信息采集系统时钟管理办法》，在运行环节，对电能表采用校时策略是什么？

14. 根据《国家电网公司用电信息采集系统时钟管理办法》，本办法所称的用电信息采集系统时钟指的是什么？

15. 电能替代的模式包括哪些？举例说明。

六、综合题

试分析线损超大台区原因。（列举至少3点，并做简要阐述）

本章答案

一、填空题

1. 全覆盖 全采集 全费控
2. 技术标准 检定规程
3. 牢固 稳定 可靠
4. 工程退料 废旧物资
5. 用户旧表底度确认 杜绝装表串户
6. 双签发双许可 挂地线
7. 抄表数据应用管理 计量装置在线监测功能应用管理 新增应用需求
8. 变更和远程停复电命令的下发
9. 采集计量装置异常和报警信息 有窃电嫌疑
10. 实时监控和异常处理
11. 集中监控、分级维护
12. 服务器操作系统
13. 本单位采集系统运行情况和各项监控指标
14. 用电信息密钥管理系统 用电信息采集、营销售电、电表充值、现场服务和电动汽车充换电
15. 明文转换为密文 将密文转换为明文
16. 核心商密 普通商密 长期
17. 电能表
18. 标准时钟源
19. 上一级
20. 时钟超差 电池欠压
21. 5
22. 7天 台区线路
23. 电池欠压
24. 电能表数据冻结
25. 标准时钟源
26. GPRS
27. 远程

二、单选题

1. A   2. D   3. C   4. B   5. D   6. C   7. A   8. B
9. A   10. B   11. D   12. B   13. A   14. A   15. A   16. C
17. D   18. B   19. C   20. A   21. C   22. D   23. C   24. C
25. D   26. C   27. B   28. D   29. C   30. D   31. A   32. C
33. A   34. B   35. D   36. D   37. A   38. A   39. C   40. B
41. D   42. A   43. C   44. C

三、多选题

1. ABCD   2. ABD   3. ABD   4. ABD   5. BCD
6. AB   7. ABC   8. ABC   9. ABCD   10. ABCD
11. ABCD 12. BD   13. AD   14. AC   15. ABCD
16. BC   17. ABCD 18. ABCD 19. ABCD 20. ABC
21. ABCD 22. AC   23. ABCD

四、判断题

1. √   2. √   3. ×   4. ×   5. ×   6. ×   7. √   8. ×
9. √   10. ×   11. √   12. √   13. ×   14. √   15. ×   16. ×
17. √   18. ×   19. ×   20. ×   21. ×   22. √   23. ×   24. ×
25. √   26. √   27. ×   28. ×   29. ×   30. ×   31. √   32. √
33. ×   34. ×   35. √   36. √   37. ×   38. ×   39. √   40. √
41. √   42. √   43. √

五、简答题

1. 答：（1）接线正确，各电气连接紧密。配线整齐美观，导线无损伤，绝缘性能良好。

（2）导线色相宜采用 A 相为黄色；B 相为绿色；C 相为红色；中性线为黑色。

（3）二次回路应安装联合接线盒。

（4）满足《电能计量装置技术管理规程》相关要求，电流二次回路至少应不小于 4mm²。

2. 答：指标定义：每天用电信息采集系统主站采集成功的用户数/应采集的用户总数。

指标计算要求：

（1）采集频度：每天一次。
（2）数据项：公司规定的必采数据项。
（3）计算方式：每天早上9点系统自动抽取当天数据。
（4）指标要求：满足国家电网有限公司相关管理办法的要求。

3. 答：满足《电能计量装置技术管理规程》相关要求，二次回路的连接导线应采用铜质绝缘导线，电压二次回路至少应不小于2.5mm^2，电流二次回路至少应不小于4mm^2。二次回路导线外皮颜色宜采用：A相为黄色；B相为绿色；C相为红色；中性线为黑色；接地线为黄绿双色。

4. 答：确保"表计换装公告、用户旧表底度确认"到户；加强"杜绝装表串户"的质量管理，建立安装完后必须现场核对户表对应的工作程序；加强"档案核查"质量管理，营业与计量人员要协同开展台区、终端、户表等档案清理核对工作；加强外包施工队伍管理，实施安全、质量、服务的同质化管理和评价。

5. 答：用电信息采集系统巡视内容包括：
（1）终端、箱门的封印是否完整，计量箱及门是否有损坏。
（2）采集终端的线头是否松动或有烧痕迹，液晶显示屏的是否清晰或正常显示。
（3）采集终端外置天线是否损坏，无线公网信道信号强度是否满足要求。
（4）采集终端环境是否满足现场安全工作要求，有无安全隐患。
（5）检查控制回路接线是否正常，有无破坏。
（6）电能表、采集设备是否有报警、异常等情况发生。

6. 答：采集系统运行考核指标至少应包括：采集系统日均采集成功率、设备故障处理及时率、档案数据一致率、数据可用率、数据应用率等。

7. 答：各级供电企业应定期开展采集系统外包服务人员培训，及人员业务能力、安全资质的考核、评价，定期审查核实外包单位资质。外包队伍应纳入定期考核与评价，并根据考核评价结果和合同条款的规定进行处置。外包队伍的考核评价结果将作为后续服务采购的评价内容。

8. 答：采集系统主站软硬件、通信信道、采集终端和电能表。

9. 答：主要包括每日监控本单位采集任务执行情况及采集成功率指标，分析采集失败原因，派发工单并跟踪处理情况。

10. 答：主要包括每日跟踪故障处理后的采集设备调试流程，跟踪处理调试流程中存在的问题，对 3 个工作日内未调试成功的调试工作进行分析，并派发异常处理工单；对下级单位处理不及时的流程派发督办工单，并跟踪异常处理情况。

11. 答：本办法适用于公司总（分）部、所属各级单位各级密管系统和密码生产、应用系统中涉及密钥部分的全过程安全管理。

12. 答：密码机、密钥管理卡、工具卡、安全 SD 卡、现场服务终端、USBKEY 等。

13. 答：（1）使用采集主站或采集终端对时钟偏差在 1min 至 5min 范围内的电能表进行远程校时。

（2）采集系统主站对时钟偏差在 1min 至 5min 范围内的 GPRS 电能表直接进行远程校时。

（3）对时钟偏差大于 5min 的电能表，用现场维护终端对其现场校时前，应先用标准时钟源对现场维护终端校时，再对电能表校时。

（4）校时时刻应避免在每日零点、整点时刻附近，避免影响电能表数据冻结。

14. 答：本办法所称用电信息采集系统时钟，是指采集系统的主站、电能表、采集终端检定（测）装置和计量生产调度平台的时钟。

15. 答：电能替代的模式有以电代煤、以电代油。例如电采暖、地能热系、工业电锅炉（窑炉）、农业电排灌、电动汽车、靠港船舶使用岸电、机场桥载设备、电蓄能调峰等。

六、综合题

答：可通过以下要点进行核查：

（1）变压器—接入点—表箱—表计对应关系错或缺失。

1）公变对应关系不正确：营销公变对应生产公变关系不正确（错误的变压器下挂接的用户的总电量少于正确的变压器下挂接的用户的总电量）。

2）变压器接入点关系不准确或者缺失：电网 GIS 变压器下挂接的接入点维护错误或者缺失。

3）表箱挂接的接入点关系不准确：营销 GIS 表箱所属接入点维护错误、拓扑不联通。

4）表计表箱关系不准确：营销表计轮换、故障换表后表箱表计关系丢失，或者表计表箱关系挂接错误。

（2）配置问题。

1）分布式电源：台区模型中新增输入里配置的分布式电源不属于该台区。

2）办公用电：办公用电未配置。

（3）输入电量。

公变终端：安装错接线、误差超差、电量突变（变大）、互感器变比错误、互感器故障等。

（4）输出表计电量。

1）采集问题：采集失败（低压采集设备故障、采集失败、信号无或差），因采集数据错位导致电量未正常上传，覆盖率低。

2）用户表计计量准确性：错接线造成长期零电量，电量突变。

3）现场实际用电未统计：营销流程未走但现场已安装有线电视、摄像头等设备，用电未安装计量。

4）各种形式窃电。

（5）技术原因。

供电半径过长、线径过小、设备本身用电等。

第七章 业扩报装

一、单选题

1. 电动汽车充电设备接入是工程竣工验收通过的（　　）。
   A. 前提条件　　B. 必要程序　　C. 基本标准　　D. 咨询参考

2. 拓展多元服务渠道，推广低压居民客户申请（　　），实现同一地区可跨营业厅受理办电申请。
   A. 少填单　　B. 电子填单　　C. 免填单　　D. 一站式

3. 下列业务不可通过"掌上电力"APP 线上办理的有（　　）。
   A. 实名通电　　　　　　B. 低压居民新装
   C. 更名　　　　　　　　D. 销户

4. 客户提交资料中房屋产权证明或其他证明文书包括（　　）。
   A. 公安机关户籍证明
   B. 宗教活动场所登记证
   C. 城建根据所辖权限开具产权合法证明
   D. 社会团体法人登记证书

5. 用户申请暂停、暂停恢复用电，次数不受限制，但须提前（　　）向供电企业提出申请。
   A. 五天　　　　　　　　B. 五个工作日
   C. 七天　　　　　　　　D. 七个工作日

6. 如果客户对表计申校结果仍不认可，建议客户可向当地（　　）提出校验申请。
   A. 消费者协会　　　　　B. 质量技术监督部门
   C. 工商管理部门　　　　D. 综合执法局

7. 现场作业人员应遵循"两个电话"汇报制度。现场作业汇报内容不包括（　　）。
   A. 到达现场时间　　　　B. 作业完成时间
   C. 客户联系方式　　　　D. 电能表安装情况，接电情况

8. 办理低压居民新装用电不需要的资料有（　　）。
   A. 房产证复印件或相关法律文书
   B. 客户居民身份证原件
   C. 上一期电费缴讫凭证

D. 经办人居民身份证原件

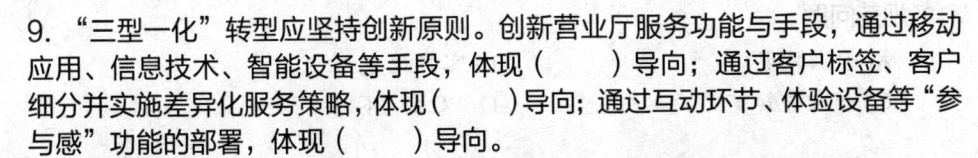

9. "三型一化"转型应坚持创新原则。创新营业厅服务功能与手段,通过移动应用、信息技术、智能设备等手段,体现（　　）导向;通过客户标签、客户细分并实施差异化服务策略,体现（　　）导向;通过互动环节、体验设备等"参与感"功能的部署,体现（　　）导向。

  A. 智能型、市场型、体验型　　B. 智能型、体验型、市场型
  C. 市场型、体验型、智能型　　D. 智能型、差异型、体验型

10. 省公司营业厅转型发展三年行动计划提出,将通过三年的努力,全面建成以智能型、市场型、体验型、线上线下一体化（"三型一化"）为特征的实体供电营业厅网络,打造以（　　）为中心的现代服务体系。

  A. 市场　　　B. 人民　　　C. 客户　　　D. 电力市场

11. 省公司营业厅转型发展三年行动计划提出,要转变营业厅传统单一的服务模式,为客户提供一站式业务办理和一体化智慧用能服务,促进"互联网+产品"体验、应用落地和推广;开展跨界商业合作,形成以营业厅作为实体展示窗口,构建（　　）的"4+"生态服务运营模式。

  A. 客户+渠道+产品+合作商
  B. 客户+服务+产品+合作商
  C. 用户+渠道+产品+合作商
  D. 客户+渠道+服务+合作商

12. 营业厅"三型一化"转型,具体是指构建以智能型、市场型、体验型、（　　）为特征的实体供电营业厅。

  A. 前台后台协同化　　　B. 线上线下一体化
  C. 前端后台一体化　　　D. 客户服务差异化

13. 供电企业在接到居民用户家用电器损坏投诉后,应在（　　）小时内派人员赴现场进行调查、核实。

  A. 12　　　B. 24　　　C. 36　　　D. 48

14. 下列选项中不属于《国家电网公司员工服务"十个不准"》的是（　　）。

  A. 不准利用职务之便接收客户请吃
  B. 不准违反首问负责制,推诿、搪塞、怠慢客户
  C. 不准违反业务办理告知要求,造成客户重复往返
  D. 不准营业窗口擅自离岗或做与工作无关的事

15. 营业厅人员服务规范投诉反映营业厅服务人员未履行"首问负责"、（　　）、"限时办结"制；未正确引导客户办理业务；或干与工作无关事情；违诺等服务规范问题。

　　A. 承诺兑现　　　　　　　B. 客户优先
　　C. 一次告知　　　　　　　D. 以上均不对

16. 根据《供电营业规则》，如果客户（　　）不用电又不办理变更用电手续时，供电部门即作自动销户处理。

　　A. 连续6个月　　　　　　 B. 连续3个月
　　C. 连续1年及以上　　　　 D. 累计6个月

17. 根据《供电营业规则》，某客户原来是非工业客户，现从事商品经营，该客户应办理（　　）手续。

　　A. 新装　　　　　　　　　B. 改类及更名
　　C. 更户过户　　　　　　　D. 销户

18. 根据《供电营业规则》，窃电时间无法查明时，每日窃电时间，电力用户按（　　）小时计算。

　　A. 6　　　　B. 8　　　　C. 12　　　　D. 16

19. 二级重要电力客户应采用（　　）供电。

　　A. 双回路　　　　　　　　B. 双电源
　　C. 单路　　　　　　　　　D. 双电源或双回路

20. 在正式实施停电前（　　）min，必须将停电时间再次通知客户，方可在通知规定时间实施停电。

　　A. 15　　　　B. 30　　　　C. 60　　　　D. 120

21. 供电企业对查获的窃电者应按所窃电量补交电费，并承担补交电费（　　）倍的违约使用电费。

　　A. 一　　　　B. 二　　　　C. 三　　　　D. 四

22. 《国家电网公司业扩报装管理规则》规定，业扩客户资料归档后（　　）个工作日内，由国网客服中心负责通过95598电话进行回访。

　　A. 2　　　　B. 3　　　　C. 4　　　　D. 5

23. 《国家电网公司业扩报装工作规范》规定，供电营业窗口或95598工作人员按照"（　　）"服务要求指导客户办理用电申请业务，向客户宣传解释政策规定。

 A. 一口对外   B. 内转外不转
 C. 提前介入   D. 首问负责制

24.《国家电网公司业扩报装工作规范》规定，高压供电方案的有效期为1年，低压供电方案的有效期为（　　）个月。

 A. 6   B. 4   C. 3   D. 5

25.《国家电网公司业扩供电方案编制导则》中规定，100kVA及以上高压供电的电力客户，在高峰负荷时的功率因数不宜低于（　　）；其他电力客户和大、中型电力排灌站、趸购转售电企业，功率因数不宜低于（　　）；农业用电功率因数不宜低于（　　）。

 A. 0.95 0.9 0.85   B. 0.9 0.85 0.8
 C. 0.9 0.95 0.85   D. 0.85 0.9 0.7

26.《国家电网公司业扩报装管理规则》第六十八条规定，通过95598电话、网站、手机客户端、异地营业厅等渠道受理的客户用电申请，应在（　　）个工作日内将受理工单信息传递至属地营业厅。现场收集的客户报装资料应在（　　）个工作日内传递到营业厅。

 A. 1 1   B. 3 1   C. 5 5   D. 7 3

27.《国家电网公司业扩报装管理规则》规定，（　　）千伏及以下电压等级供电的客户，直接开放负荷，由营销部（客户服务中心）直接编制供电方案并答复客户。

 A. 0.4   B. 10   C. 35   D. 110

28. 场勘查时，应重点核实客户负荷性质、用电容量、用电类别等信息，结合（　　），初步确定电源、计量、计费方案。

 A. 环境条件   B. 客户意见
 C. 用电类别   D. 现场供电条件

29. 启动竣工检验的时间，自受理之日起，低压供电客户不超过（　　）个工作日。

 A. 3   B. 5   C. 7   D. 10

30.《国家电网公司业扩报装管理规则》第三十五条规定，地市供电企业（　　）负责对业扩报装跨部门协同工作进行跟踪评价，并对相关工作进行监督、检查和考核。

 A. 办公室   B. 营销部（客户服务中心）

C. 发展部　　　　　　　　D. 运监中心

31.《国家电网公司业扩报装管理规则》第一百条规定，健全业扩报装服务责任追究机制，对涉嫌（　　）、侵害客户利益的事件以及在业扩报装工作过程中造成重大社会影响、重大经济损失的单位或个人，按照公司相关规定严格追究责任。

A. 吃拿卡要　　　　　　　B. 不正之风
C. 违规送电　　　　　　　D. 三指定

32.《国家电网公司业扩供电方案编制导则》第12.2条规定：备用电源自动投入装置，应具有（　　）闭锁的功能。

A. 继电保护　　　　　　　B. 保护动作
C. 低电压　　　　　　　　D. 电源切换

33. 根据《进一步精简业扩手续、提高办电效率的工作意见》（国家电网营销[2015]70号）要求，减少居民、非居民、高压客户申请资料种类，实行（　　）。

A. 一证受理　　　　　　　B. 最多跑一次
C. 上门服务　　　　　　　D. 客户经理制

34. 李某在自己家楼下开个冷饮售卖点，未办理任何经营和用电手续，自行从三楼住宅引出电源供冷柜、冰箱用电，经营5天后被供电公司用电检查人员发现，李某行为属于（　　）行为。

A. 窃电　　B. 违约用电　　C. 临时用电　　D. 季节用电

35. 对于自然人利用自有住宅及其住宅区域内建设的分布式光伏发电项目，公司收到接入系统方案项目业主确认单后，按（　　）集中向当地能源主管部门进行项目备案。

A. 周　　　　B. 月　　　　C. 季　　　　D. 年

36.《国家电网公司业扩报装工作规范》规定，对现场存在违约用电、窃电嫌疑等异常情况的客户，勘查人员应做好现场记录，及时报（　　）部门，并暂缓办理该客户用电业务。

A. 上级　　　B. 公安　　　C. 专业　　　D. 相关职责

37.《国家电网公司业扩报装工作规范》规定，供电企业在受理客户受电工程中间检查报验申请后，应及时组织开展中间检查。发现缺陷的，应（　　）通知客户整改。

A. 当面　　　B. 口头　　　C. 一次性书面　　　D. 约时

38.《国家电网公司业扩供电方案编制导则》规定，建筑面积在 50 平方米及以下的住宅用电每户容量宜不小于（　　）kW；大于 50 平方米的住宅用电每户容量宜不小于（　　）kW。

　　A. 5　10　　　　B. 6　9　　　　C. 4　10　　　　D. 4　8

39. 每一种销售电价按照供电（　　）等级高低不同由不同的目录电价和其他的附加费用构成。

　　A. 负荷　　　　B. 电压　　　　C. 功率　　　　D. 电流

40.《供电营业规则》规定，除居民以外的其他用户跨年度欠费部分，每日按欠费总额的（　　）计算。

　　A. 千分之一　　B. 千分之二　　C. 千分之三　　D. 千分之四

41.（　　）指发电厂向电网输送电力商品的结算价格，对电网经营企业而言，也称为电网的购入电价。

　　A. 主网电价　　B. 互供电价　　C. 销售电价　　D. 上网电价

42.（　　）电价是指电网经营企业向电力用户销售电能的价格，是最敏感、最复杂的电价。

　　A. 上网　　　　B. 主网　　　　C. 互供　　　　D. 销售

43. 销售电价中的（　　）电价及其他加价由各独立网、省网及省级以上电网根据本电网企业发供电成本不同而形成不同的价格。

　　A. 互供　　　　B. 目录　　　　C. 上网　　　　D. 主网

44. 电价按照（　　）类别划分，可分为城乡居民生活用电电价、一般工商业及其他用电电价、农业生产用电电价，并暂单列大工业用电电价。

　　A. 供电　　　　B. 用电　　　　C. 售电　　　　D. 电价

45.（　　）指国家制定电价的基本原则，任何有权制定和核准电价的部门在确定电价时，所依据的原则应当是统一的，也即今后制定电价、管理电价应遵循有关法律法规的规定，在全国实行统一"定价原则"。

　　A. 统一政策　　B. 统一销售　　C. 统一定价　　D. 分级管理

46.（　　）指按照国家有关法律、行政法规规定或经国务院以及国务院授权部门批准，随售电量征收的基金及附加。

　　A. 购电成本　　B. 输配电损耗　C. 输配电价　　D. 政府性基金

47. 直供电价是指电网经营企业直接向用户销售（　　）的价格。
   A. 电费　　　B. 电量　　　C. 电能　　　D. 能量

48. 居民生活、农业生产用电，实行（　　）电度电价。
   A. 单一制　　B. 两部制　　C. 分时制　　D. 分类制
   答案：A

49. 抄表人员在现场抄表时，在完成正常抄表的同时，检查客户（　　）的运行情况。
   A. 表计　　　B. 电表　　　C. 计量器　　D. 计量装置

50. 抄表员抄表之外还需注意检查（　　）等是否完整、齐全。
   A. 计量封印　B. 表计铅封　C. 表计封锁　D. 表计封条

51. 针对欠费停电的客户，在客户交费后，（　　）小时内完成复电。
   A. 6　　　　B. 18　　　　C. 24　　　　D. 48

52. 停电通知书须按规定履行审批程序，在停电前（　　）内送达客户，可采取客户签收或公证等方式送达。
   A. 二至六天　B. 三至七天　C. 三天　　　D. 七天

53. "远程费控"是一种全新的电费管理模式，以具备费控功能的智能电能表为基础，以（　　）系统为依托，除了能实时监测电量、电费，还实现了停电、复电流程的远程自动化控制。
   A. SG186系统　B. 费控系统　C. 用电信息采集系统　D. 售电系统

54. 电子支付是指从事电子商务交易的当事人通过信息网络，使用安全的信息传输手段，采用（　　）方式进行的货币支付或资金流转。
   A. 现金流转　B. 数字化　　C. 票据转让　D. 银行汇兑

55. 对于逾期不交费的客户，系统自动计算违约金，居民用户按每日（　　）计算。
   A. 千分之一　B. 千分之二　C. 千分之三　D. 百分之三

二、多选题

1. "全能型"供电所下设（　　）。
   A. 综合班　　　　　　　B. 高压供电服务班
   C. 低压供电服务班　　　D. 业务班

2. 在"全能型"供电所建设推进过程中,台区经理服务作业模式包括(　　)。

　　A. "1+1"　　　　B. 组团式　　　C. 网格化　　　D. 一专多能

3. 省公司"全能型"供电所建设目标是(　　)。

　　A. 属地业务全覆盖　　　　　　B. 营配末端全融合
　　C. 服务方式全渠道　　　　　　D. 工作管控全过程和相关专业全支撑

4. 深化营配末端融合,拓展新型业务,打造(　　)的"全能型"乡镇供电所。

　　A. 业务协同运行　　　　　　　B. 人员一专多能
　　C. 管理一站到底　　　　　　　D. 服务一次到位

5. 建设业扩报装全流程管控平台,实现(　　)。

　　A. 全业务线上办理　　　　　　B. 全环节互联互动
　　C. 全过程精益管控　　　　　　D. 全方位监控管理

6. 建设"互联网+"营销服务应用工作体系,应用建设阶段完成电费(　　)和(　　)推广。

　　A. 通知单　　　　　　　　　　B. 电子账单
　　C. 增值税发票　　　　　　　　D. 电子发票

7. 可以办理业扩报装的线上渠道包括(　　)。

　　A. "掌上电力"手机APP　　　　B. 95598网站
　　C. 电e宝　　　　　　　　　　D. 国网商城

8. 用户登录"掌上电力"低压版的方式有2种:方式一,在(　　)页面,输入登录账号及密码直接登录;方式二:在"用户登录"页面,点击(　　)等第三方按钮,通过第三方应用软件授权后完成"掌上电力"登录。

　　A. 用户登录　　B. 微信、QQ　　C. 微博　　　D. 淘宝

9. "掌上电力"新装申请业务,低压非居新装必须上传的资料包括(　　)。

　　A. 营业执照照片　　　　　　　B. 组织机构代码证照片
　　C. 身份证正反面照片　　　　　D. 客户证件照片

10. "掌上电力"低压版APP在用户点击"报修工单列表"条目即可实时跟报(　　)。

　　A. 抢修时限　　　　　　　　　B. 报修工单进度

C. 抢修人员位置信息　　　　D. 抢修难度系数

11. 根据《供电营业规则》，某客户原来是非工业客户，现从事商品经营，该客户应办理（　　　）手续。

　　A. 新装　　　B. 改类　　　C. 更名　　　D. 销户

12. 下列（　　　）业务可推荐用户通过电子渠道进行线上办电。

　　A. 增值税变更　　　　　　B. 暂拆
　　C. 销户　　　　　　　　　D. 电能表校验

13. 客户提交资料用电户主体证明，自然人主体证明包括（　　　）。

　　A. 身份证　　　　　　　　B. 军人证
　　C. 组织机构代码证　　　　D. 公安机关户籍证明

14. 目前国家电网有限公司在浙江范围内为客户提供的电子服务渠道包括（　　　）等。

　　A. 掌上电力　　　　　　　B. 电e宝
　　C. 95598网站　　　　　　 D. 支付宝生活号

15. "电魔方"产品主要包括（　　　）功能模块。

　　A. 新装修　　B. 电采暖　　C. 省电费　　D. 节能源

16. 当一位低压非居民客户需要查询自家的每日用电量时，服务人员可以通过（　　　）渠道为客户提供日用电量数据。

　　A. 浙江省电力微信服务号　B. 支付宝生活号
　　C. 掌上电力　　　　　　　D. 营销系统

17. 线上受理指电子渠道受理，包括接收客户通过（　　　）等提交的业务申请。

　　A. 国网掌上电力APP　　　 B. 95598网站（外网）
　　C. 微信公众号　　　　　　D. 支付宝生活号

18. 供电营业厅"三型一化"转型应以客户为中心，以市场为导向，以"互联网+"及信息技术为手段，以线上线下一体化为途径，以综合服务、智能服务、体验服务为重点，探索构建以（　　　）、线上线下一体化为特征的实体供电营业厅网络。

　　A. 智能型　　B. 市场型　　C. 体验型　　D. 互动型

19. "三型一化"营业厅转型中,优化营业厅功能分区应在现有七个功能区基础上,缩减收费区、调整业务办理区、优化引导区和业务待办区、扩充展示区和客户自助区、增设(　　)。

　　A. 线上体验区　　　　　　B. 大客户服务区
　　C. 线下活动区　　　　　　D. 电能替代区

20.《供电营业规则》规定,用户申请新装或增加用电时,应向供电企业提供用电工程项目批准的文件及有关的用电资料,包括(　　)、用电负荷、保安电力、用电规划等,并依照供电企业规定的格式如实填写用电申请书及办理所需手续。

　　A. 用电地点　　　　　　　B. 电力用途
　　C. 用电性质　　　　　　　D. 用电设备清单

21.《居民用户家用电器损坏处理办法》规定,对不可修复的家用电器,下列说法正确的是(　　)。

　　A. 其购买时间在 6 个月及以内的,按原购货发票价,供电企业全额予以赔偿
　　B. 其购买时间在 12 个月及以内的,按原购货发票价,供电企业全额予以赔偿
　　C. 购置时间在 6 个月以上的,按原购货发票价,并按本办法中家用电器的平均使用年限规定的使用寿命折旧后的余额,予以赔偿
　　D. 使用年限已超过本办法规定仍在使用的,或者折旧后的差额低于原价 10% 的,按原价的 10% 予以赔偿

22. 营销营业〔2017〕40 号明确要求,充分发挥供电服务指挥平台"互联网+"线上业务办理、业扩全流程管控作用,推行业扩线上预约,平台受理线上预约后直接将工单派发责任班组,实现线上线下(　　)、全环节实时预警、(　　)及时调度、全流程跟踪督办,全面提升客户需求响应速度。

　　A. 有缝对接　　B. 服务态度　　C. 无缝对接　　D. 服务资源

23. 对个别无法入户检查的新装客户,应在告知书上告知用户在验房时认真核对(　　)是否正确、对应。

　　A. 自家的电能表号　　　　B. 表后开关
　　C. 户名　　　　　　　　　D. 进户线

24. 智能电能表安装的要求有(　　)。

　　A. 安装应不存在安全隐患,便于日常维护
　　B. 应垂直安装,牢固可靠

  C. 电能表端钮盖应加封完备

  D. 线路正确, 不存在串户情况

25. 《国家电网公司业扩供电方案编制导则》规定, 断电后会造成（　　　　）的, 为保安负荷。

  A. 直接引发人身伤亡的

  B. 使有毒、有害物溢出, 造成环境大面积污染的

  C. 将引起爆炸或火灾的

  D. 将引起重大生产设备损坏的

26. 《国家电网公司业扩供电方案编制导则》规定, 自备应急电源的（　　　　）应满足客户安全要求。

  A. 切换时间　　　　　　　B. 切换方式

  C. 允许停电持续时间　　　D. 电能质量

27. 《国家电网公司业扩供电方案编制导则》规定, 按照"谁污染、谁治理"、"（　　　　）"的原则, 在供电方案中, 明确客户治理电能质量污染的责任及技术方案要求。

  A. 同步设计　　B. 同步施工　　C. 同步投运　　D. 同步达标

28. "掌上电力" APP 可以查询（　　　　）流程及每个环节处理角色（客户或电力公司）、所需要提供资料信息的业务。

  A. 低压个人办电　　　　　B. 低压企业办电

  C. 高压企业办电　　　　　D. 发电企业办电

29. 线上受理时, 低压企业办电需填写（　　　　）经办人姓名、经办人手机、用电地址, 上传身份证正反面照片、营业执照或组织机构代码二选一。

  A. 企业名称　　　　　　　B. 法人代表姓名

  C. 法人代表手机　　　　　D. 身份证号码

30. 《国家电网公司业扩报装管理规则》第四条规定, 严格遵守公司供电服务"三个十条"规定, 按照（　　　　）原则, 开展业扩报装工作。

  A. 一口对外　　B. 便捷高效　　C. 三不指定　　D. 办事公开

31. 营销营业 [2017] 40 号明确要求, 实行营业厅 "一证受理"。受理时应询问客户申请意图, 向客户提供业务办理告知书, 告知客户（　　　　）等信息。

  A. 需提交的资料清单　　　B. 业务办理流程

  C. 收费项目及标准　　　　D. 监督电话

32. 电价按照生产和流通环节划分，可分为（　　　　）。
    A. 上网电价　　B. 互供电价　　C. 销售电价　　D. 主网电价

33. 每一种销售电价按照供电电压等级高低不同由不同的（　　　　）和（　　　　）构成。
    A. 上网电价　　B. 目录电价　　C. 互供电价　　D. 其他的附加费用

34. 为使电价公平合理，目前我国销售电价还实行（　　　　）电价制度。
    A. 分类　　B. 行业　　C. 分时　　D. 居民

35. 电价的管理原则是（　　　　）。
    A. 统一政策　　B. 统一销售　　C. 统一定价　　D. 分级管理

36. 销售电价的构成包括（　　　　）。
    A. 购电成本　　B. 输配电损耗　　C. 输配电价　　D. 政府性基金

37. 电费催交方式有（　　　　）。
    A. 电话催费　　B. 短信催费　　C. 现场催费　　D. 欠费跟踪

38. 远程费控交费渠道包括（　　　　）。
    A. 微信　　B. 支付宝　　C. QQ
    D. 掌上电力　　E. 电e宝

39. 电力营销管理信息系统一般应能提供的收费方式有（　　　　）。
    A. 走收　　B. 代收　　C. 代扣　　D. 坐收

40. 计量资产管理是对供电所使用的所有计量器具包括（　　　　）进行管理，系统提供各种查询方式，方便查询各计量资产设备的信息，并能根据各种条件统计计量资产的数据。
    A. 电能表　　　　　　　　B. 电流互感器
    C. 电压互感器　　　　　　D. 封印钳、封签

三、判断题

1. 实行涉农用电"一村一台账"机制，常态化开展涉农电价稽查，确保农村用电价格政策的正确执行。

（　　）

2. 对危害供电、用电安全和扰乱供电、用电秩序的，供电企业无权制止，应报公安管理部门处理。
（　　）

3. 电价实行统一政策，统一定价原则，分级管理。
（　　）

4. 上网电价实行同网同质，价格由供电企业视输配电成本自行确定。
（　　）

5. 独立电网内的上网电价，由电力生产企业和电网经营企业协商提出方案，报电力监管部门核准。
（　　）

6. 农业用电价格按照保本、微利的原则确定。
（　　）

7. 县级以上地方人民政府电力管理部门负责本行政区域内电力供应与使用的监督管理工作。
（　　）

8. 电网经营企业依法负责本供区内的电力供应与使用的业务工作，并接受电力管理部门的监督。
（　　）

9. 供电企业和用户应当根据主动自愿、协商一致的原则签订供用电合同。
（　　）

10. 并网运行的电力生产企业按照并网协议运行后，送入电网的电力、电量由供电营业机构统一经销。
（　　）

11. 用户用电容量超过其所在的供电营业区内供电企业供电能力的，由县级以上电力管理部门指定的其他供电企业供电。
（　　）

12. 用户专用的供电设施建成投产后，由用户维护管理或者委托供电企业维护管理。

( )

13. 供用电合同的变更或者解除，应当依照有关法律、行政法规和本条例的规定办理。

( )

14. 有危害供电、用电安全，扰乱正常供电、用电秩序的违章用电行为的，供电企业可以根据违章事实和造成的后果追缴电费，并按照国务院电力管理部门的规定加收电费和国家规定的其他费用；情节严重的，可以按照国家规定的程序停止供电。

( )

15. 因用户或者第三人的过错给供电企业或者其他用户造成损害的，该用户或者第三人应当依法承担赔偿责任。

( )

16. 用户到供电企业维护的设备区作业时，应征得供电企业同意即可作业。

( )

17.《供电营业规则》规定，使用临时用电的客户未经供电公司批准，不得向外转供电。

( )

18. 分布式光伏发电、分布式风电项目不收取系统备用容量费。

( )

19.《供电营业规则》规定，供电企业应根据电力系统情况和负荷特性，编制事故限电序位方案，并报电力管理部门审批或备案后执行。

( )

20.《供电营业规则补充规定（试行）》规定，用户受电工程必须由取得相应电压等级的《承装（修）电力设施许可证》的单位施工，其施工人员必须持有属于"承装（修）"作业种类的《电工进网作业许可证》。

( )

21.《供电营业规则》规定，由于用户的责任造成供电企业对外停电，用户应按供电企业对外停电时间的少供电量，乘以上一年供电企业平均售电单价给予赔偿。

（　　）

22.《供电营业规则》规定，供电企业一般不采用趸售方式供电，以减少中间环节。特殊情况需开放趸售供电时，应由省级电网经营企业报国务院电力管理部门批准。

（　　）

23.《供电营业规则》规定，大工业用户专门为调整功率因数而装设的调相机、电容器等设备，不计收基本电费。

（　　）

24.《供电营业规则》规定，因违约用电或窃电导致他人财产、人身安全受到侵害的，受害人有权要求违约用电或窃电者停止侵害，赔偿损失。供电企业应予协助。

（　　）

25.《供电营业规则》规定，用户重要负荷的保安电源，可由供电企业提供，也可由用户自备。

（　　）

26.《供电营业规则》规定，架设临时电源所需的工程费用和应付的电费，由地方人民政府有关部门负责从救灾经费中拨付。

（　　）

27.《供电营业规则》规定，用户对供电企业答复的供电方案有不同意见时，应在三个月内提出意见，双方可再行协商确定。

（　　）

28.《供电营业规则》规定，使用临时电源的用户不得向外转供电，也不得转让给其他用户，供电企业也不受理其变更用电事宜。

（　　）

29.《供电营业规则》规定，用户应在提高用电自然功率因数的基础上，按有关标准设计和安装无功补偿设备，并做到随其负荷和电压变动及时投入或切除，防止无功电力倒送。

( )

30.《供电营业规则》规定,用户到供电企业维护的设备区作业时,应征得供电企业同意即可作业。

( )

31.《供电营业规则》规定,供电企业接到用户的受电装置竣工报告及检验申请后,应及时组织检验。对检验不合格的,供电企业应以书面形式一次性通知用户改正,改正后方予以再次检验,直至合格。

( )

32.《供电营业规则》规定,在供电企业的供电设施上,擅自接线用电属于违约用电行为。

( )

33.《供电营业规则》规定,故意使供电企业用电计量装置不准或者失效属于窃电行为。

( )

34.《供电营业规则》规定,供电企业对申请用电的用户提供的供电方式,应从供用电的安全、经济、合理和便于管理出发,由供电企业确定。

( )

35.《供电营业规则》规定,转供区域内的用户(以下简称被转供户),视同供电企业的直供户,与直供户享有同样的用电权利,其一切用电事宜按直供户的规定办理。

( )

36.《供电营业规则》规定,在同一供电点、同一用电地址的两个及以上用户允许办理并户。

( )

37.《供电营业规则》规定,产权属于用户且由用户运行维护的线路,以公用线路分支杆或专用线路接引的公用变电站外第一支持物为分界点。

( )

38.《供电营业规则》规定，如因供电企业供电能力不足或政府规定限制的用电项目，供电企业可通知用户暂缓办理。

（　　）

39.《供电营业规则》规定，供电企业在受理用户减容申请后，应从用户申请之日起，按原计费方式减收其相应容量的基本电费。

（　　）

40.《供电营业规则》规定，供电企业的原因引起用户供电电压等级变化的，改压引起的用户外部工程费用由客户负担。

（　　）

41.《供电营业规则》规定，客户申请办理暂停，供电企业应从客户申请暂停之日起，按原计费方式减收其相应容量的基本电费。

（　　）

42.《供电营业规则》规定，用户建设临时性受电设施，需要供电企业施工的，其施工费用应由供电企业负担。

（　　）

43.《供电营业规则》规定，35kV电压等级的客户，供电方案的有效期为六个月。

（　　）

44.《供电营业规则》规定，供电企业和用户分工维护管理的供电和受电设备，除另有约定者外，未经管辖单位同意，对方不得操作或更动；如因紧急事故必须操作或更动者，事后应迅速通知管辖单位。

（　　）

45.《供电营业规则》规定，用户自备电厂应自发自供厂区内的用电，不得将自备电厂的电力向厂区外供电。

（　　）

46.《供电营业规则》规定，危害供用电安全、扰乱正常供用电秩序的行为，属于违约用电行为。

（　　）

47.《供电营业规则》规定，在供电企业的供电设施上，擅自接线用电的，所窃电量按私接设备额定容量（千伏安视同千瓦）乘以实际使用时间计算确定。
（   ）

48.某供电公司在检查用户用电情况时，发现某宾馆计费的三相四线电能表的表尾铅封有伪造痕迹，且打开该电能表表尾盖，发现其一相电压虚接，用电检查人员现场应判定该用户属违约用电行为。
（   ）

49.某网点超出供用电合同约定容量用电的行为属于违约用电行为。
（   ）

50.《供电营业规则》规定，暂停时间少于 15 天者，暂停期间基本电费照收。
（   ）

51.《供电营业规则》规定，客户的用电负荷临时增大，需要临时更换大容量变压器代替运行的，称为"临时更换大容量变压器"，简称"暂换"。
（   ）

52.《国家电网公司供电服务"十项承诺"》规定，高压双电源客户供电方案答复期限不超过 30 个工作日。
（   ）

53.《供电营业规则》规定，客户需要变更用电时，应事先提出申请，并携带有关证明文件及原供用电合同，到供电企业用电营业厅办理手续，变更供用电合同。
（   ）

54.《供电营业规则》规定，供电企业不受理临时用电客户的变更用电事宜，临时用电客户不在办理变更用电的范围。
（   ）

55.《供电营业规则》规定，从破产用电客户分离出去的新户，办理用电手续后，必须在交付首笔电费的同时还清原破产用电客户电费和其他债务。否则，供电企业可按违约用电处理。
（   ）

56.《供电营业规则》规定,在减容期限内,供电企业保留客户减少容量的使用权,超过减容期限恢复用电时,应按新装或增容手续办理。

(　　)

57.《供电营业规则》规定,暂换的变压器,在投入运行后需报供电企业检验,如不合格,需退出运行。

(　　)

58.《供电营业规则》规定,对执行两部制电价的客户须在暂换之日起,按替换后的变压器容量计收基本电费。

(　　)

59. 在电价低的供电线路上擅自接用电价高的用电设备或私自改变类别的违约用电,应承担1～2倍差额电费的违约使用电费。

(　　)

60. 对未装表的临时用电在规定时间以外用电按违章处理。

(　　)

61.《供电营业规则》规定,凡不办理手续而私自变更的,均属于违约行为,供电企业应中止供电。

(　　)

62.《供电营业规则》规定,减容只能是整台或整组变压器的停止用电。

(　　)

63.《供电营业规则》规定,供电企业在受理客户减容申请之后,根据供电企业电力调度确定的日期对设备进行加封。

(　　)

64.《供电营业规则》规定,暂停是指客户在正式用电以后,需要短时间内停止使用一部分用电设备容量的一种变更用电事宜。

(　　)

65.《供电营业规则》规定,季节性用电或国家另有规定的客户,累计暂停时间可以另议。

(　　)

66.《供电营业规则》规定，暂停期满或每一日历年内累计暂停用电时间超过6个月者，客户如果不申请恢复用电，供电企业须按减容处理。

( )

67.《供电营业规则》规定，客户申请暂换的，必须在原受电地点内暂换整台变压器。

( )

68.《供电营业规则》规定，移表是指客户由于生产、经营或市政规划等原因需迁移用电计量装置位置的变更用电事宜。

( )

69.《供电营业规则》规定，不申请办理过户手续而私自过户者，新客户应承担原客户所负债务。经供电企业检查发现私自过户时，供电企业应通知该户补办手续，必要时可中止供电。

( )

70.《供电营业规则》规定，同一供电点、不同用电地址的两个及以上客户不允许办理并户。

( )

71.某工厂电工私自将电力企业安装的电力负荷控制装置拆下，以致负荷控制装置无法运行，应承担5000元的违约使用电费。

( )

72.《供电营业规则》规定，临时用电逾期不办理延期或永久性正式用电手续的，供电公司应中止供电。

( )

73.《供电营业规则》规定，使用临时用电的客户未经供电公司批准，不得向外转供电。

( )

74.对于住宅小区居民使用公共区域建设分布式电源，需提供物业、业主委员会或居民委员会的同意建设证明。

( )

75. 使用临时用电的客户未经供电公司批准，不得向外转供电。

（　　）

76. 用户对供电企业答复的供电方案有不同意见时，应在三个月内提出意见，双方可再行协商确定。

（　　）

77. 供电企业对申请用电的用户提供的供电方式，应从供用电的安全、经济、合理和便于管理出发，由供电企业确定。

（　　）

78. 转供区域内的用户（以下简称被转供户），视同供电企业的直供户，与直供户享有同样的用电权利，其一切用电事宜按直供户的规定办理。

（　　）

79. 《供电营业规则》规定，供电企业的原因引起用户供电电压等级变化的，改压引起的用户外部工程费用由客户负担。

（　　）

80. 客户申请办理暂停，供电企业应从客户申请暂停之日起，按原计费方式减收其相应容量的基本电费。

（　　）

81. 在供电企业的供电设施上，擅自接线用电的，所窃电量按私接设备额定容量（千伏安视同千瓦）乘以实际使用时间计算确定。

（　　）

82. 客户需要变更用电时，应事先提出申请，并携带有关证明文件及原供用电合同，到供电企业用电营业厅办理手续，变更供用电合同。

（　　）

83. 供电企业不受理临时用电客户的变更用电事宜，临时用电客户不在办理变更用电的范围。

（　　）

84. 减容只能是整台或整组变压器的停止用电。

（　　）

85. 同一供电点、不同用电地址的两个及以上客户不允许办理并户。

（　　）

86. 对客户的受电工程，不指定设计单位，不指定施工队伍，不指定设备材料采购。

（　　）

87. 《国家电网公司供电服务质量标准》规定，分布式电源项目受理并网验收及并网调试申请后，15个工作日内完成关口计量和发电量计量装置安装服务。

（　　）

88. 供用电合同的变更或者解除，应当依照有关法律、行政法规和《电力供应与使用条例》的规定办理。

（　　）

89. 对同一电网内、同一电压等级、同一用电类别的用户，执行相同的电价标准。

（　　）

90. 盗窃电能的，由电力管理部门责令停止违法行为，追缴电费并处应交电费三倍以下的罚款，构成犯罪的，依法追究刑事责任。

（　　）

91. 因抢险救灾需要紧急供电时，供电企业必须尽速安排供电。抗旱用电可以不交电费。

（　　）

92. 乡镇供电所一般设置内勤班、外勤班和综合班三类班组。

（　　）

93. 推广应用台区经理移动业务终端，实现客户服务、低压配网运维日常业务的智能化管理、可视化监控和信息化调度。

（　　）

94. 加强乡镇供电所信息网络建设和维护，推进乡镇供电所层面信息系统融合。
（   ）

95. 目前掌上电力已经实现低压全业务（新装、增容、更名过户、销户、居民峰谷电价变更、表计申校、计量装置故障等）线上业务办理。
（   ）

96. 新装申请用户填写基本信息、上传相关资料并提交成功后即可完成。其中，低压非居民新装必须上传的资料包括营业执照照片和组织机构代码证照片（二选一），以及身份证正反面照片。
（   ）

97. 供电所二级监控室至少满足 5×8 小时监控要求。
（   ）

98. 办理销户业务的用户无需再推广电子渠道。
（   ）

99. 在识读配电线路接线图时，要分清线路的电源侧和负荷侧。
（   ）

100. 在识读配电线路接线图时，要确定干线和支线及相对位置。
（   ）

101. 低压非居民新装增容业务办理实行"一证受理"，在收到居民用户主体资格证明并签署承诺书后才可正式受理用电申请。
（   ）

102. 在用电地址、用电类别不变条件下，允许用户办理更名或过户。
（   ）

103. 客户现场如存在违约用电、窃电嫌疑等异常情况，可如常办理该客户用电业务。
（   ）

104. 《国家电网公司供电客户服务提供标准》规定，电子渠道应为客户提供

7×24 小时不间断自助服务。

(   )

105. 低压非居民的商户应下载掌上电力企业版办理用电业务。

(   )

106. 客户下载掌上电力 APP 绑定户号时，发现该户号已经被其他客户绑定，应立即在系统中执行解绑操作，以保证尽快为客户办理业务。

(   )

107. 供电所日常做的电力设施保护工作包括悬挂、张贴电力设施保护标语、宣传画等。

(   )

108. 在受理用户新装、增容和增设电源的用电业务申请后，要根据客户和电网的情况，制定供电方案。

(   )

109. 客户预约应在业务流程受理两日内完成。服务调度人员因故无法联系客户完成预约的，书面记录按日移交，直至联系客户完成预约工作。

(   )

110. 进一步精简业扩手续、提高办电效率，包括优化业扩流程方面：对低压客户，合并现场勘查和装表接电环节，具备直接装表条件的，勘查确定供电方案后当场装表接电；不具备直接装表条件的，现场勘查时答复供电方案，根据与客户约定时间或电网配套工程竣工当日装表接电。

(   )

111. 在不可抗力和紧急避险和确有窃电行为的情况，可不经批准即可终止供电。

(   )

112. 供电企业对申请用电的用户提供的供电方式，应当依据国家的有关政策和规定、电网的规划、用电需求以及当地供电条件等因素与用户协商确定；无正当理由时，应当就近供电。

(   )

113. 低压用电工程验收条件：①工程项目按设计规定全部竣工；②自验收合格；③竣工验收所需资料已准备齐全。

（   ）

114. 《低压配电设计规范》规定，落地式配电箱的底部应抬高，高出地面的高度室外不应低于 200mm。

（   ）

115. 《电力供应与使用条例》规定，在用户受送电装置上作业的电工，必须经电力管理部门考核，方可上岗作业。

（   ）

116. 根据《居民用户家用电器损坏处理办法》，从家用电器损坏超过 30 日的，供电企业不再负责其赔偿。

（   ）

117. 《国家电网公司供电服务规范》规定，用电检查人员可以在检查现场替代客户进行电工作业。

（   ）

118. 《供电营业规则》规定，同一用电地址的相邻两个及以上用户允许办理并户。

（   ）

119. 《进一步精简业扩手续、提高办电效率的工作意见》的工作原则是，"一次告知、手续最简、流程最优"。

（   ）

120. 当月未出现计量错接线投诉情况的不扣分，投诉不属实也不扣分。

（   ）

121. 低压电力客户业务主要包括两部分，即业扩报装和变更用电。

（   ）

122. 费控业务停电命令下发失败后应在 7 个工作日内处理完成。

（   ）

123. 发现客户用电性质、用电结构、运行容量等发生变化时，应详细记录，请客户签字认可后，通知其办理有关手续。
( )

124.《供电营业规则》规定，用户对供电企业答复的供电方案有不同意见时，应在一个星期内提出意见，双方可再行协商确定。
( )

125.《供电营业规则》规定，用户遇有特殊情况，需延长供电方案有效期的，应在有效期到期前十天向供电企业提出申请，供电企业应视情况予以办理延长手续。
( )

126.《供电营业规则》规定，公用低压线路供电的，以供电接户线用户端最后支持物为分界点，支持物属用户。
( )

127. 现场协调是一种快速有效的协调方式。把有关人员带到问题的现场，请当事人自己讲述产生问题的原因和解决问题的办法，同时不允许有关部门提要求。
( )

128. 按日期和周期抄录客户电能表装置数据信息。
( )

129. 远程抄表和集中抄表系统，需定期进行远程抄表数据现场校核工作，校核周期最长不得超过 6 个月。
( )

130. 计量箱在装表通电前应检查确认进线电源已经断开，出线不用检查。
( )

四、简答题

1. "全能型"乡镇供电所建设的核心是什么？

2. 综合班的班组职责有哪些？

3. 综合业务监控内容有哪些？

4. 电 e 宝的基本功能包括哪些？

5. 供电所营业厅主要应急事件包括哪些？

6. 窃电行为有哪些？

7. 客户档案的归档要求？

8. 制定电价的原则有哪些？

9. 用户不得有哪些危害供电、用电安全，扰乱正常供电、用电秩序的行为？

10. 禁止窃电行为。窃电行为包括哪些？

11. 供用电合同应当具备哪些条款？

12. 违反本条例规定，有哪些行为之一的，由电力管理部门责令改正，没收违法所得，可以并处违法所得 5 倍以下的罚款？

13. 在受理分布式光伏发电项目新装业务时，若客户提供的资料不齐全，应如何处理？

14. 集中供养的"两保户"申请该业务需要哪些申请资料？

15. 根据《供电营业规则》，用户向供电企业提出销户，供电企业应按哪些规定办理？

16. 用电变更主要内容有哪些？

17. 智能交费客户建档的注意事项有哪些？

五、综合题

1. 某普通一户一表低压居民客户，抄表周期为每月，抄表例日为 7 日，按年阶梯标准执行，递增法计算。每年 12 月为年度结算周期结束月。2012 年 6 月

18日办理新装业务，新表起度为10，2012年7月7日抄表总示数为3180。请按现行浙江省电网销售电价计算该户2012年7月份的应交电费（2012年6月1日起执行阶梯电价）。

2. 某普通一户一表低压居民客户，抄表例日为每月7日，按年阶梯标准执行，递增法计算。2012年6.7月共计发行电量700kWh。2012年7月7日抄表总示数为1400，2012年7月18日办理过户业务，现场抄表总示数1880，2012年8月7日抄表总示数为3430。请按现行浙江省电网销售电价计算老户过户结算应交电费及新户2012年8月份应交电费。

3. 某婚纱影楼共有5层，下面4层为营业店面，第5层为店主家用套间，分别装表计量。某月客户经理发现该客户从5层套间电能表后开关引线到1层接待大厅和2.3层摄影棚用电。供电公司认定该客户违约用电，但影楼老板对此不服，认为自己没有少计电量，并按时交费，没有违约用电。供电公司的认定是否正确？依据是什么？应如何处理。

本章答案

一、单选题

1. A	2. C	3. D	4. C	5. B	6. B	7. C	8. C
9. A	10. C	11. A	12. B	13. B	14. A	15. C	16. A
17. B	18. C	19. D	20. B	21. C	22. D	23. D	24. C
25. A	26. A	27. A	28. D	29. A	30. D	31. D	32. B
33. A	34. B	35. B	36. D	37. C	38. D	39. B	40. C
41. D	42. D	43. B	44. B	45. C	46. D	47. C	48. A
49. D	50. A	51. C	52. B	53. C	54. B	55. A	

二、多选题

1. ABC	2. ABC	3. ABCD	4. ABD	5. ABC
6. BD	7. AB	8. AB	9. ABC	10. BC
11. BC	12. AD	13. ABD	14. ABCD	15. ABCD
16. CD	17. AB	18. ABC	19. AB	20. ABCD
21. ACD	22. CD	23. ABCD	24. ABCD	25. ABCD
26. ABCD	27. ABCD	28. ABC	29. ABCD	30. ABCD
31. ABCD	32. ABC	33. BD	34. AC	35. ACD
36. ABCD	37. ABCD	38. ABDE	39. ABCD	40. ABCD

三、判断题

1. √	2. ×	3. √	4. ×	5. ×	6. √	7. √	8. √
9. ×	10. √	11. ×	12. √	13. √	14. √	15. √	16. ×
17. ×	18. √	19. ×	20. √	21. √	22. √	23. √	24. √
25. √	26. √	27. ×	28. √	29. √	30. ×	31. √	32. ×
33. √	34. ×	35. √	36. √	37. √	38. √	39. √	40. √
41. ×	42. ×	43. ×	44. √	45. √	46. √	47. √	48. ×
49. √	50. √	51. √	52. √	53. √	54. √	55. ×	56. √
57. ×	58. √	59. ×	60. √	61. √	62. ×	63. √	64. ×
65. √	66. ×	67. ×	68. ×	69. √	70. √	71. ×	72. √
73. ×	74. √	75. √	76. ×	77. ×	78. √	79. ×	80. ×

81. √	82. √	83. √	84. ×	85. √	86. √	87. ×	88. √
89. √	90. ×	91. ×	92. ×	93. √	94. √	95. ×	96. √
97. √	98. ×	99. √	100. √	101. √	102. ×	103. √	104. √
105. ×	106. ×	107. √	108. √	109. √	110. √	111. √	112. √
113. √	114. √	115. ×	116. ×	117. √	118. √	119. √	120. ×
121. √	122. √	123. √	124. √	125. √	126. √	127. √	128. √
129. √	130. ×						

四、简答题

1. 答：业务协同运行、人员一专多能、服务一次到位。

2. 答：综合班负责安全管理、绩效管理、培训后勤等综合事务；负责本所全业务质量监控及分析；负责营业厅运营服务；负责供电所三库（表库、备品备件库、工器具库）管理；负责供电所基础资料、供用电合同管理和客户档案整理等工作。

3. 答：做好乡镇供电所综合业务管理平台的日常监控，负责各类异常工单的派发、跟踪处理；做好运检类业务系统的日常监视，做好公变超过载、低电压等电网故障预警的跟踪处理和流程操作；做好营销类业务系统的日常监视，做好业扩流程、用电信息采集等各类异常的跟踪处理和流程操作；完成95598工单及外协工单的接收、派发、跟进、审核、反馈等工作；配合做好有关业务数据统计、报表编制工作。

4. 答：电e宝的基本功能包括银行卡绑定、充值、提现、转账、账单、设置、二维码扫描、付款码。

5. 答：营销系统故障、个人电脑故障、突发停电、客户情绪激动、客户在营业厅突发疾病或发生意外、客户排队数量激增、发生治安事件、发生火灾爆炸事件、媒体律师来访、营业厅部分施工、自助设备故障。

6. 答：窃电行为包括：在供电企业的供电设施上，擅自接线用电；绕越供电企业的用电计量装置用电；伪造或者开启法定的或者授权的计量检定机构加封的用电计量装置封印用电；故意损坏供电企业用电计量装置；故意使供电企业的用电计量装置计量不准或者失效；采用其他方法窃电。

7. 答：高压客户档案按"一户一盒"方式归档存放；低压客户档案按户号顺序统一归档存放，批量用户的公共资料集中存放在批量用户档案盒。

8. 答：①合理补偿成本的原则；②合理确定收益的原则；③依法计入税金的原则；④公平负担原则。

9. 答：（1）擅自改变用电类别。

（2）擅自超过合同约定的容量用电。

（3）擅自超过计划分配的用电指标的。

（4）擅自使用已经在供电企业办理暂停使用手续的电力设备，或者擅自启用已经被供电企业查封的电力设备。

（5）擅自迁移、更动或者擅自操作供电企业的用电计量装置、电力负荷控制装置、供电设施以及约定由供电企业调度的用户受电设备。

（6）未经供电企业许可，擅自引入、供出电源或者将自备电源擅自并网。

10. 答：（1）在供电企业的供电设施上，擅自接线用电。

（2）绕越供电企业的用电计量装置用电。

（3）伪造或者开启法定的或者授权的计量检定机构加封的用电计量装置封印用电。

（4）故意损坏供电企业用电计量装置。

（5）故意使供电企业的用电计量装置计量不准或者失效。

（6）采用其他方法窃电。

11. 答：（1）供电方式、供电质量和供电时间。

（2）用电容量和用电地址、用电性质。

（3）计量方式和电价、电费结算方式。

（4）供用电设施维护责任的划分。

（5）合同的有效期限。

（6）违约责任。

（7）双方共同认为应当约定的其他条款。

12. 答：（1）未按照规定取得《供电营业许可证》，从事电力供应业务的。

（2）擅自伸入或者跨越供电营业区供电的。

（3）擅自向外转供电的。

13. 答：对资料不齐全的，采取"一证受理"，签署"承诺书"，使用"用电业务办理告知书（居民分布式电源并网服务、非居民分布式电源并网服务）"，在后续环节由客户补充完善。

14. 答：集中供养的"两保户"名册、民政部门颁发的"低保户"或"五保户"证明、集中供养单位开具的介绍信（加盖公章）、授权委托书、经办人有效身份证明等。

15. 答：
（1）销户必须停止全部用电容量的使用。
（2）用户已向供电企业结清电费。
（3）查验用电计量装置完好性后，拆除接户接线和用电计量装置。
（4）用户持供电企业出具的凭证，领还电能表保证金与电费保证金。
办完上述事宜，即解除供用电关系。

16. 答：减容、暂停、暂换、迁址、移表、暂拆、更名、过户、分户、并户、销户、改压、改类。

17. 答：
（1）基准策略：按客户费控协议上填写的报警阈值选择。
（2）档案中的短信联系人电话必须与《智能交费结算协议》中的联系人电话一致。

五、综合题

1. 答：（1）阶梯指标计算：
第一档指标电量 =230×（12-6+0）=1380（kWh）
第二档指标电量 =（400-230）×（12-6+0）=1020（kWh）
第三档指标电量 =1380+1020=2400（kWh）
（2）电量计算：
基础电量（总电量）=（3180-10）×1=3170（kWh）
第二档电量 =1020（kWh）
第三档电量 =3170-2400=770（kWh）
（3）电费计算：
基础电费 =3170×0.538=1705.46（元）
第二档递增电费 =1020×0.05=51.00（元）
第三档递增电费 =770×0.30=231.00（元）
合计电费：1705.46+51.00+231.00=1987.46（元）
答：该户2012年7月份的应交电费为1987.46（元）。

2. 答：（1）阶梯指标计算。

老户：第一档指标电量 =230×（7-6+1+1）-700=-10（kWh）

老户：第二档指标电量 =（400-230）×（7-6+1+1）=510（kWh）

老户：第三档指标电量 =-10+510=500（kWh）

新户：第一档指标电量 =230×（12-7+0）=1150（kWh）

新户：第二档指标电量 =（400-230）×（12-7+0）=850（kWh）

新户：第三档指标电量 =2000（kWh）

（2）电量计算。

老户：基础电量（总电量）=（1880-1400）×1=480（kWh）

老户：第二档电量 =480-（-10）=490（kWh）<510（kWh）

新户：基础电量（总电量）=（3430-1880）×1=1550（kWh）

新户：第二档电量 =1550-1150=400（kWh）

（3）电费计算。

老户：基础电费 =480×0.538=258.24（元）

老户：第二档递增电费 =490×0.05=24.50（元）

老户：合计电费 =258.24+24.50=282.74（元）

新户：基础电费 =1550×0.538=833.90（元）

新户：第二档递增电费 =400×0.05=20.00（元）

新户：合计电费 =833.90+20.00=853.90（元）

答：老户过户结算应交电费为282.74元，新户2012年8月份应交电费为853.90元。

3. 答：（1）供电公司的认定是正确的。《电力供应与使用条例》第三十条规定，客户不得擅自改变用电类别，危害供电、用电安全，扰乱正常供电、用电秩序的行为。该影楼从电价低的居民生活用电电能表后开关接线用于商业用途，属于高价低接擅自改变用电类别违约用电行为。

（2）认定依据及处理：《供电营业规则》第一百条规定，在电价低的供电线路上，擅自接用电价高的用电设备或私自改变用电类别的，应按实际使用日期补交其差额电费，并承担二倍差额电费的违约使用电费。使用起讫日期难以确定的，实际使用时间按三个月计算。

第八章 95598 服务

一、单选题

1. 坚持以客户为中心提升优质服务水平的重点任务，大力实施（　　）大服务工程，努力夯实服务民生之本。
   A. 七　　　　B. 八　　　　C. 九　　　　D. 十

2.《国家电网公司 95598 客户服务业务管理办法》规定，原则上每日 21：00 至次日 8：00 期间不得开展客户回访工作，每次回访时间间隔不小于（　　）小时。
   A. 3　　　　B. 1　　　　C. 2　　　　D. 4

3.《国家电网公司供电服务"十项承诺"》规定，受理客户投诉后，（　　）个工作日内联系客户，（　　）个工作日内答复处理意见。
   A. 1　5　　B. 2　5　　C. 1　7　　D. 2　10

4. 短信订阅按照营业厅订阅、95598 订阅、短信平台订阅、（　　）平台订阅等四种方式受理。
   A. 手机　　B. 互联网　　C. 支付宝　　D. 网银

二、判断题

1. 供电营业区的划分，应当考虑电网的结构和供电合理性等因素。一个供电营业区内可分别设置多个供电营业机构。
（　　）

2. 电力企业的管理人员和查电人员、抄表收费人员勒索用户、以电谋私，构成犯罪的，依法追究刑事责任；尚不构成犯罪的，依法给予行政处分。
（　　）

3. 坚持客户至上，围绕提升供电可靠性一条主线，把客户需求贯穿于公司各项工作，实现"始于客户需求、终于客户满意"。
（　　）

4.《居民用户家用电器损坏处理办法》规定，不属于责任损坏或未损坏的元件，受害居民用户要求更换时，所发生的元件购置费与修理费也由供电企业负担。
（　　）

5.《居民用户家用电器损坏处理办法》规定，以外币购置的家用电器，按购置时国家外汇牌价折人民币计算其购置价，以人民币进行清偿。
（　　）

6.《居民用户家用电器损坏处理办法》规定，不属于责任损坏或未损坏的元件，受害居民用户要求更换时，所发生的元件购置费与修理费也由供电企业负担。
（　　）

7.《居民用户家用电器损坏处理办法》规定，以外币购置的家用电器，按购置时国家外汇牌价折人民币计算其购置价，以人民币进行清偿。
（　　）

8.《居民用户家用电器损坏处理办法》规定，第三人责任致使居民用户家用电器损坏的，供电企业应协助受害居民用户向第三人索赔，并可比照本办法进行处理。
（　　）

9.《国家电网公司供电服务"十项承诺"》规定，客户提出抄表数据异常后，7日内核实并答复。
（　　）

10. 供电营业厅应准确公示服务项目、业务办理流程、电价和收费标准。
（　　）

11. 与客户交接物品时，供电企业工作人员应双手递送，不抛不丢，交接现金时唱收唱付。
（　　）

12. 居民客户收费办理时间一般每件不超过 10 min，用电业务办理时间一般每件不超过 20 min。
（　　）

13. 根据《国家电网公司供电服务"十项承诺"》，当电力供应不足，不能保证连续供电时，严格按照公司制定的有序用电方案实施错避峰、停限电。
（　　）

14. 走路时抬头、挺胸、收腹，重心平稳，步伐有力，步幅适当，节奏适宜，动作协调，从容自然，有急事时可以慢跑前行。
（   ）

15. 根据《国家电网公司供电服务规范》，"95598"客户服务网页（网站）制作应直观，色彩明快。首页应有明显的"国家电网"字样。为方便客户使用，应设有导航服务系统。
（   ）

16. 根据《国家电网公司供电服务"十项承诺"》，城市地区：供电可靠率不低于99.9%，居民客户端电压合格率不低于96%；农村地区：供电可靠率和居民客户端电压合格率，经国务院电力管理部门核定后，由各省（自治区、直辖市）电力公司公布承诺指标。
（   ）

17. 营业窗口应设置醒目的业务受理标识，标识一般由窗口编号或名称、经办业务种类等组成，必要时，应有中英文对照标识，少数民族地区应设有汉文和民族文字对应标识。
（   ）

18.《国家电网公司供电服务规范》规定，客户接待人员与客户会话时，必须讲普通话。
（   ）

19. 根据《国家电网公司供电服务规范》，严格执行国家规定的电费电价政策及业务收费标准，各地可根据情况调整收费范围和收费标准。
（   ）

20. 供电营业厅应准确公示服务承诺、服务项目、业务办理流程、投诉监督电话、电价和收费标准。
（   ）

21. 95598客户服务热线应时刻保持电话通畅，电话铃响4声内接听，超过4声应道歉。应答时要首先问候，然后报出单位名称和工号。
（   ）

22. 受理客户咨询时，对不能当即答复的，应说明原因，并在5个工作日内答复客户。

（　　）

23.《国家电网公司供电客户服务提供标准》规定，客户是指已经与供电企业建立供用电关系的组织或个人。

（　　）

24.《国家电网公司供电客户服务提供标准》规定，D级营业厅具备"客户自助"服务方式时，应提供24小时服务。

（　　）

25. 故障抢修服务人员包括业务受理员、95598客服代表、故障抢修处理人员。

（　　）

26. 除自助营业厅外，其他各等级营业厅实行法定节假日不营业，但应至少提前3个工作日在营业厅公示法定节假日休息信息，并做好缴费提示，同步向95598报备。

（　　）

27. 电子渠道客户自助：应对客户进行身份验证，确保客户信息不外泄；自助缴费服务应确保客户资金安全。

（　　）

28. 社区及其他渠道的服务功能包括咨询、信息公告（停电信息公告、用电常识宣传等）、电费催费通知送达、自助缴费（可选）、受理客户的投诉、举报、意见和建议等。

（　　）

29. 供电客户服务是在电力供应过程中，企业为满足客户获得和使用电力产品的各种相关需求的一系列活动的总称，简称"客户服务"。

（　　）

30. 投诉服务的流程为：由受理客户投诉开始，经过联系客户，调查处理，办结归档等流程环节，服务结束。

（　　）

31. 重要客户停限电告知服务是指供电企业向重要客户提供计划、临时、事故停限电信息，以及供电可靠性预警的服务。

（　　）

32. 客户来办理业务时，应主动接待，不因遇见熟人或接听电话而怠慢客户。

（　　）

33. 临下班时，对于正在处理中的业务应照常办理完毕后方可下班。下班时如仍有等候办理业务的客户，应请客户明日再来办理。

（　　）

34. 当客户的要求与政策、法律、法规及本企业制度相悖时，应向客户耐心解释，争取客户理解，做到有理有节。遇有客户提出不合理要求时，应向客户委婉说明。不得与客户发生争吵。

（　　）

35. 因计算机系统出现故障而影响业务办理时，若短时间内可以恢复，应请客户稍候并致歉；若需较长时间才能恢复，请客户明天再来办理。

（　　）

36. "95598"客户服务热线服务规范：客户打错电话时，应礼貌地说明情况。对带有主观恶意的骚扰电话，可用恰当的言语警告，但不可先行挂断电话。

（　　）

37. 营业场所内应布局合理、舒适安全。设有客户等候休息处，备有饮用水；配置客户书写台、书写工具、老花眼镜、登记表书写示范样本等；放置免费赠送的宣传资料；墙面应挂有时钟、日历牌；有明显的禁烟标志。

（　　）

38.《国家电网公司95598业务管理办法》规定，根据客户投诉的重要程度及可能造成的影响，将客户投诉分为特殊、重大、重要、一般四个等级。

（　　）

39. 给客户或企业造成50万元以上直接经济损失应定性为重大供电服务质量事件。

（　　）

40. 供电服务三类过错：情节较轻，偶尔发生，未造成不良影响的供电服务过错。
（　　）

41. 对已建立了片区客户经理联系制的客户，对同一个问题进行过咨询后因处理不到位引发投诉事件或对同一问题发生重复投诉，片区客户经理、优质服务专责比照被投诉责任人同等责任进行考核。
（　　）

42. 投诉承办单位投诉调查不遵循实事求是原则，弄虚作假的，按严重违章考核责任单位。
（　　）

43. 客户反映对催费或欠费通知单张贴在客户家门上表示不满，应派发"投诉—营业投诉—抄表催费—催缴费"。
（　　）

44. 客户来电反映拨打95598报修后，抢修人员到达家中进行抢修时由于未带齐工具使用客户家中工具箱，但不慎摔坏未给其赔偿，派发"投诉—停送电投诉—抢修服务—抢修人员服务态度"。
（　　）

45. 客户服务中心负责各省公司95598业务初次申诉的受理及结果有初步认定。
（　　）

46. 客户来电反映拨打95598报修后，抢修人员到达现场抢修离开后故障现象仍存在，影响客户用电，派发"意见—供电服务—故障处理—处理不完善"。
（　　）

47. 服务申请诉求中规定：电能表异常业务4个工作日内处理并回复工单，抄表数据异常业务5个工作日内处理并回复工单。
（　　）

48. 除故障报修工单外，其他工单不允许合并。
（　　）

49. 供电质量和电网建设类投诉，客户针对同一事件在首次投诉办结后，连续1年内投诉3次及以上且属实的，由上一级单位介入调查处理。
（　　）

50. 抢修人员在到达故障现场确认故障点后30 min内，向本单位调控中心报告预计修复送电时间。
（　　）

51. 已办结工单超过1个日历月未提申诉的，视为放弃申诉，逾期不再受理。
（　　）

52. 客户来电反映其家中被停电，经查询未欠费，也不存在窃电、违约用电和违规转供电的情况，供电公司未给其任何解释，派发"投诉—停送电投诉—停电问题—无故停电"。
（　　）

53. 邮政电费代收网点人员在办理业务时与客户发生争吵、对客户态度差、冷漠，派发意见工单。
（　　）

54. 依据《国家电网公司95598投诉分类细则》相关规定，客户反映电力施工后未及时回填，影响客户店面正常营业，派发意见工单。
（　　）

55. 95598电话接通率是指统计时段内客服代表成功应答数占人工请求电话数的比例。
（　　）

56. 某计划停电，对社会发布的计划停电时间是7时至18时，但是实际停电时间为6时30分，使单晶硅客户造成损失，客户拨打95598咨询停电原因，客服人员将此工单受理，并下派投诉工单。
（　　）

57. 客户反映该地点从事电力公司委托的施工人员在施工过程中与客户发生口角，辱骂推搡用户，属于咨询办结业务。
（　　）

58. 客户反映电力施工后未及时回填，影响客户店面正常营业，派发意见工单。

（　　）

59. 依据《国家电网公司 95598 投诉分类细则》相关规定，客户反映供电企业配电设施存在安全隐患，影响正常用电，需紧急处理的，属服务申请。

（　　）

60. 对派发区域、客户联系方式等信息错误、缺失或无客户有效信息、分类选择错误的工单可以回退。

（　　）

61. 为进一步提高办电效率，供电企业要创新"互联网＋业扩服务"，大力推广 95598 网站、电话、微信、手机 APP、移动终端等电子渠道应用，推行移动作业和客户档案电子化，转变作业方式，取消纸质业务单，必要时可以系统外流转。

（　　）

62. 各单位要加快"掌上电力" APP 和 95598 网站等渠道推广，引导客户线上办电，即申请即受理，第一时间进入系统管控流程。

（　　）

三、简答题

1. 由某供电公司以 380／220V 供电给居民张、王、李三客户。2000 年 5 月 20 日，因公用变压器中性线断落导致张、王、李三家家用电器损坏。5 月 26 日供电公司在收到张、王两家投诉后，分别进行了调查，发现在这一事故中张、王、李三家分别损坏电视机、电冰箱、电热水器各一台，且均不可修复。用户出具的购货票表明：张家电视机原价 3000 元，已使用了 5 年；王家电冰箱购价 2500 元，已使用 6 年；李家热水器购价 2000 元，已使用 2 年。供电公司是否应向客户赔偿？如赔，怎样赔付？

2. 某年 3 月 3 日，客户黄先生来到营业厅办理电能表过户手续。客户代表小袁说："您好，黄先生，办理过户需提供原户和新户身份证及复印件。"客户黄先生了解所需申请材料后就离开。3 月 15 日，客户黄先生带上了原户和新户的身份证复印件再次来到营业厅。客户代表小陈告知客户黄先生："办理过户需要原、新户本人带上身份证及复印件到营业厅办理过户。"客户黄先生说："上次来营业厅咨询过，只要带上身份证复印件就可以办理。怎么这次还要本人过来办理？！"客户代表小陈："本人到场办理，是为了过户时双方当面结算电费，进行交接，这样就不会发生纠纷，能保障双方的权益。"客户黄先生："你们供电企业能不能统一一下，一天一个样，之前没说清楚，现在原户都出国去了，我还特意请假过来办理。让我们用户跑来跑去，你们这叫什么服务。"客户代表小陈："对不起，您的资料不全不能办理。"说完，客户代表小陈离开了营业柜台去卫生间。

请问：

（1）在此过程中，供电企业工作人员的服务行为违反了《供电服务规范》及"三个十条"中的哪些条款？

（2）按照规定，工作人员应如何处理？

3. 6月19日某住宅小区因暴雨导致突发故障引起停电，供电公司人员在接到客户报修后及时对该区域进行了修复。6月20日，该小区一居民客户拨打95598服务热线反应19日停电后家中电脑损坏，电脑里的重要材料丢失，客户情绪激动，要求供电公司必须赔偿损失。

请问：

（1）供电公司是否承担赔偿责任？

（2）工作人员应如何答复并安抚客户？

4. 某供电公司抢修人员15：30接到95598抢修派单电话，城区中南小区15-2-301客户家中无电，疑是电能表故障。抢修人员16：20到达现场，看到电能表黑屏后，就用力拍门。客户开门后抢修人员拿着工具进屋，随手把工具箱放在茶几上，告知客户电能表因欠费停电，充值后插卡就有电了。客户表示不知道售电地址。抢修人员告诉打95598问问就知道了。抢修人员拿起工具准备离去，无意间碰坏了花瓶，客户没有要求赔偿，抢修人员说："对不起"，就走了。请问：在此过程中，供电企业工作人员的服务行为违反了《供电服务规范》中的哪些条款规定？违反了"三个十条"中的哪些条款规定？

5. 某居民客户5月3日定期换表后，缴费时发现当月电费由平时的100元左右增加到180元，客户认为新表不准，于6月2日去供电公司办理了验表手续，6月11日工作人员持工单到现场检查拆表，表底为410千瓦时，当天送至公司计量中心校验。6月25日，计量中心检定结果通知书显示表不合格，误差为-3%。客户表示拆表时不在现场，对结果表示质疑，之后到市计量监督局再次校验，结果相同。工作人员向客户解释说："以计量监督局的校验数据为准，按照相关规定，需追补相应的电费。"催费人员经多次电话催缴后，客户仍未交电费，工作人员遂对该户实施停电。请问在此过程中，供电公司工作人员有哪些违规之处，应按哪些规定处理？（按规定，居民客户电能表差最大允许误差为±2%。）

6. 6月4日，一行动不便的老大爷到营业厅市内一级厅办理移表手续，进入营业厅后看到2号登记窗口没有客户，便来到柜台。营业厅工作人员李某一边打电话一边示意老大爷坐下，过了一会打完电话后，问老大爷办理什么业务。老大爷说明来意后，李某就向另一位登记员张某询问移表的办理程序，让老大爷自行填写并核对申请书。

请问：

（1）营业厅在服务方面有什么违规之处？

（2）客户办理移表都有哪些规定？

7. 在居民抄表例日，抄表员赵某因雨雪冰冻不便出门，没有按照以往的周期抄表，而是对客户王某的电能表指示数进行估测，超出实际电量350千瓦时，达到了客户平均月用电量的3倍多。当客户接到电费通知单后，与抄表员联系要求更正，但抄表员以工作忙为由，未能进行及时解决，造成客户不满，向报社反映此事，当地报社对此事进行了报道。事件发生后，当地报社以"抄表员查电竟靠猜"为题对事件进行了报道，引发了当地客户对供电公司职工的工作态度、责任心和抄表准确性的质疑，严重破坏了供电公司的形象，造成较大负面影响。

请问：

（1）事件发生后，公司应启动几级预警？

（2）本事件违反了哪些有关规定？

8. 由于历史原因，一些门市用户采用总表计量收费，他们向房屋产权单位交纳电费，房屋产权单位按总表向供电公司交纳电费。一天上午，供电公司抄表员来到某门市用户催收电费，在催收无果的情况下，未按照履行停电通知手续，即对该用户实施停电。停电过程中，该用户反映他们已向房屋产权单位交纳电费，应该对那些没有交费的用户停电。抄表员解释，供电公司只能根据总表计费电量催收电费，坚持进行停电操作，双方随即发生纠纷。停电后，该用户不准抄表员离开现场，抄表员无奈之下拨打110报警，才得以脱身。

请问：

（1）本事件违反了哪些有关规定？

（2）对客户欠费停电应注意哪些事项？

9. 某供电局检修计划中，安排了对某乳品厂所在供电线路进行计划检修，时间安排为：3月13日上午8：30停电，下午16：30送电，停电8小时。为此，该供电局提前7天将停电计划以书面方式通知了该乳品厂。该厂接到停电通知后，重新调整了生产计划，并做好了停电准备工作。在距离计划检修停电还有3天时，该供电局接到上级生产科技部的通知，由于系统原因，本次计划检修发生变更，计划检修时间向后延时1天，并要求供电局做好相应通知客户工作。该供电局立即安排布置，将停电事宜再次通知相关客户，但由于工作人员忙中出错，遗漏了通知乳品厂。3月13日，该厂全厂放假休息。由于在通知停电的时间一直没有停电，该厂觉得奇怪，通过电话询问，工作人员才发现停电变更一事没有通知该客户。乳品厂对此非常不满，并向有关部门进行了投诉。由于供电局没有将计划检修停电变更信息及时通知乳品厂，打乱了该厂的生产计划安排，间接造成了一定的经济损失，引起客户投诉，在一定程度上损害了供电企业的声誉。

请问：

（1）本事件违反了哪些有关规定？

（2）本事件暴露的问题有哪些？

10. 某日17：50，已经过了营业厅收费时间，一客户急匆匆来到营业厅来交电费，客户代表接待了他。客户代表："对不起，先生。现在已经过了收费时间，我们没有办法收现金。您可以到任何一家银行办理一卡通代扣，以后就不用每个月再交现金了。"于是，该客户当天离开营业厅后就去银行办理了"一卡通"。但由于当地"一卡通"的生效时间要一个月，半个月后客户由于欠费被停电了。客户拨打95598咨询停电的原因。座席代表告知客户是因为"一卡通"未生效的原因导致欠费一直未销账，并引导客户可以到供电营业厅先交现金。于是，客户再次来到营业厅交了电费，同时要求找上级领导投诉两个问题：一是为什么当天不能交现金，而今天又能交现金；二是为什么不事先告知"一卡通"生效要一个月的时间。

请问：

（1）本事件违反了哪些有关规定？

（2）本事件暴露的问题有哪些？

11. 某日，张先生到当地供电所的营业厅申请新装用电。走进营业厅后，张先生见到两个柜台前都已有客户在办理业务，便走向离自己最近的1号柜台询问："同志，请问新装用电应该怎么办理？"1号柜台客户代表小陈正在忙碌地工作，听到问话便回答道："你等一会儿，这位客户还没有办完。"张先生在一旁等了15 min，见到2号柜台客户代表小李在办完前一客户的业务后接了一个电话就走到后台去了，张先生又等了10 min，看见1号柜台仍在办理业务、2号柜台客户代表一直没有回到岗位上。他有些着急了，只好又走到1号柜台前说："同志，你能不能先跟我说一下我新装个电能表需要什么材料，我在这等很久了。"客户代表小陈答道："再稍等一会儿吧，这位客户快好了。"张先生又在一边等了5 min，2号柜台的工作人员回来了，才受理了他的业务。

请问：

在此过程中，供电企业工作人员的服务行为违反了《供电服务规范》和"三个十条"中的哪些条款规定？

12. 某年4月11日下午16：30，客户李女士在营业厅等待办理打印电费清单，客户代表小王告知李女士："营业厅已下班，办不了了，明天再过来吧。"客户李女士："小妹，我只打印一份电费清单，不会占用很多时间的。"客户代表小王很不情愿地说道："那你提供一下身份证和用户编号。"核实了客户信息后，根据客户李女士提供的用户编号，客户代表小王打印了一张电费清单，随手就丢给了李女士。

请问：

在此过程中，供电企业工作人员的服务行为违反了《供电服务规范》和"三个十条"中的哪些规定？

13. 在对某供电分公司的业务检查中发现，某大工业客户，受电变压器为一台，容量 315 千伏安，由于变压器故障，该客户要求临时换一台容量为 200 千伏安变压器，使用一个月，供电企业给该户办理了暂换手续。手续办理结束后，供电分公司到现场检查更换变压器的运行情况，发现变压器漏油，于是要求客户停止变压器使用。通过以上案例请分析：该案例违反了哪些规定？该案例暴露出供电企业存在哪些问题？有哪些意见和建议？

14. 在发电、供电系统正常运行的情况下，供电企业应当连续向用户供电；因故需要停止供电时，应当按照哪些要求事先通知用户或者进行公告？

15. 根据《供电营业规则》，用户认为供电企业装设的计费电能表不准时，如何处理？

16. "三型一化"供电营业厅在受理客户业务方面有什么转变？相比传统营业厅有什么优势？

17. 签订《智能交费结算协议》的注意事项有哪些？

18. 客户投诉包括哪些？

四、综合题

1. 2017 年 4 月 18 日，客户杨先生通过掌上电力 APP 向供电公司申请低压商业用电。直到 4 月 27 日，供电公司才安排工作人员胡某到现场勘查，并确定了供电方案。客户对此非常不满，拨打 95598 进行投诉。

请问：

（1）该案例违反了哪些规定？

（2）该案例暴露出供电企业存在哪些问题？

2. 客户王先生买了一套二手房，于 2017 年 7 月 15 日上午，带着房产证和身份证前往供电营业厅办理过户业务。营业厅服务人员小李审核资料后，需要王先生提供电力户号，王先生表示上次路过进来咨询时，营业厅未告知需要户号，小李严肃地说："怎么可能没跟您说呢，电表水表都有户号的，您不提供户号我怎么办理?办错了不要怪我。"王先生只好回去查看电能表,中午带着户号再次来到营业厅,正好又是小李接待了他,这次资料齐全,小李受理了过户业务,告知王先生下个月就能改好,未经其同意办理了免费的电费短信提醒。8月2日王先生收到电费短信,短信里的用电地址 202 与自己的房屋地址 203 不符,姓名却是自己的,拨打 95598 供电服务热线查询,得知受理时输错了户号,又发现峰谷电也未开通,于是投诉。

请问:

(1)该事件暴露了哪些问题?

(2)您有什么建议措施?

3. 客户王先生向 95598 供电服务热线反映:6 月份自家用电量高达 625kWh,平时一般只有 200～300kWh,而且家里用电很稳定,没有增加电器,问是否抄错表了。座席人员引导客户到表箱处查看电能表读数,经核对与 SG186 系统 6 月份抄表指数相符,于是让客户自查或再观察一个月看看,如果还有疑义可到供电营业厅申请校表。

客户王先生自查没问题后,就到营业厅申请校表,现场表计校验结果正常,客户十分不满,向当地 12315 进行投诉。

[调查备注:SG186 系统中客户 4 月份电量 278kWh,5 月份电量 0 且抄表异常为换表;在 5 月份抄表日(10 日)前换表时未通知客户;换表流程于抄表日后 10 天才完成归档。]

请问:

(1)供电公司工作人员有哪些违规之处?

(2)对这一事件暴露出的问题提出改进建议。

本章答案

一、单选题

1. B   2. C   3. C   4. C

二、判断题

1. ×	2. √	3. ×	4. ×	5. √	6. ×	7. √	8. √
9. ×	10. √	11. √	12. ×	13. ×	14. ×	15. ×	16. ×
17. √	18. ×	19. ×	20. √	21. √	22. √	23. √	24. ×
25. √	26. ×	27. ×	28. √	29. √	30. √	31. √	32. √
33. ×	34. √	35. √	36. ×	37. √	38. √	39. √	40. √
41. √	42. √	43. √	44. √	45. √	46. √	47. √	48. √
49. ×	50. √	51. √	52. √	53. √	54. √	55. √	56. √
57. ×	58. ×	59. ×	60. √	61. ×	62. √		

三、简答题

1. 答：根据《居民用户家用电器损坏处理办法》，三客户家用电器损坏为供电部门负责维护的电气设备导致供电故障引起，应做如下处理：

（1）张家及时投诉，应赔偿。赔偿人民币 3000×（1-5/10）=1500（元）；

（2）王家及时投诉，应赔偿。赔偿人民币 2500×（1-6/12）=1250（元）；

（3）因供电部门在事发 7 日内未收到李家投诉，视为其放弃索赔权，不予赔偿。供电部门对张、王两家应分别赔偿 1500 元和 1250 元，而对李家则不予赔偿。

2. 答：（1）供电企业工作人员的服务行为违反了《供电服务规范》及"三个十条"中的哪些条款：①违反了《国家电网公司员工服务"十个不准"》规定：不准违反业务办理告知要求，造成客户重复往返。②客户代表"推脱资料不全即离开柜台"的行为违反了《国家电网公司供电服务规范》规定"当有特殊情况必须暂时停办业务时，应列示'暂停营业'标牌。"

（2）按照规定，工作人员受理用电业务时，应主动向客户说明该项业务需客户提供的相关资料、办理的基本流程、相关的收费项目和标准，并提供业务咨询和投诉电话号码。

3. 答：（1）供电公司不承担赔偿责任。《居民用户家用电器损坏处理办法》第六条规定：供电企业如能提供证明，居民用户家用电器的损坏是不可抗力、第三人责任、受害者自身过错或产品质量事故等原因引起，并经县级以上电力管理部门核实无误，供电企业不承担赔偿责任。

（2）《供电服务规范》规定：真心实意为客户着想，尽量满足客户的合理要求。对客户的咨询、投诉等不推诿，不拒绝，不搪塞，及时、耐心、准确地给予解答。当客户的要求与政策、法律、法规及本企业制度相悖时，应向客户耐心解释，争取客户理解，做到有理有节。遇有客户提出不合理要求时，应向客户委婉说明，不得与客户发生争吵。客户来电话发泄怒气时，应仔细倾听并做记录，对客户讲话应有所反应，并表示体谅对方的情绪。如感到难以处理时，应适时地将电话转给值长、主管等，避免与客户发生正面冲突。

4. 答：（1）抢修人员到达现场用力拍门等行为违反了《供电服务规范》"进入客户现场时，应主动出示工作证件，并进行自我介绍。"

（2）进入居民室内时，应先按门铃或轻轻敲门，并主动出示工作证件，征得同意后穿上鞋套方可入内。

（3）抢修人员随手将工具放到客户茶几上，违反了《供电服务规范》第十七条第五款"到达客户现场工作时，应携带必备的工具和材料。"

（4）工具、材料应摆放有序，严禁乱堆乱放。

（5）抢修人员损坏花瓶未赔偿，违反了《供电服务规范》"如在工作中损坏了客户的原有设施，应尽量恢复原状或等价赔偿。"

（6）客户不知售电地址，抢修人员让客户自行拨打95598，违反了《供电服务规范》"真心实意为客户着想，尽量满足客户的合理要求。对客户的咨询、投诉等不推诿，不拒绝，不搪塞，及时、耐心、准确地给予解答。"

（7）抢修人员到达现场的时限已超过规定时限，违反了国家电网公司"十项承诺""提供24小时电力故障报修服务，供电抢修人员到达现场时间：城区范围一般不超过45 min。"

（8）违反了国家电网公司"十个不准""不准违反首问负责制，推诿、搪塞、怠慢客户。"

5. 答：（1）《国家电网公司供电服务"十项承诺"》规定，对欠电费客户依法采取停电措施，提前7天送达停电通知书。受理客户计费电能表校验申请后，5个工作日内出具检测结果。

（2）《供电服务规范》规定，供电企业在新装换装及现场校验后应对电能计量装置加封，并请客户在工作凭证上签章。如居民客户不在家，应以其他方式通知其电表底数。

（3）《供电营业规则》第七十九条规定，客户认为供电企业装设的计费电能表不准时，有权向供电企业提出校验申请，在客户交付验表费后，供电企业应在七天内检验,并将检验结果通知客户。如计费电能表的误差在允许范围内,验表费不退;如计费电能表的误差超出允许范围时,除退还验表费外,并应按本规则第八十条规定退补电费。客户对检验结果有异议时,可向供电企业上级计量检定机构申请检定。客户在申请验表期间,其电费仍应按期交纳,验表结果确认后,再行退补电费。

(4)《供电营业规则》第八十条规定,互感器或电能表误差超出允许范围时,以"0"误差为基准,按验证后的误差值退补电量。退补时间从上次校验或换装后投入之日起至误差更正之日止的二分之一时间计算。

(5)《供电营业规则》第六十七条规定,应将停电的用户、原因、时间报本单位负责人批准,在停电前三至七天内,将停电通知书送达用户,在停电前30min,将停电时间再通知用户一次,方可在通知规定时间实施停电。

6.答:(1)营业厅在服务方面的违规之处:①《国家电网公司供电客户服务提供标准》要求A级厅应配备引导员。②《供电服务规范》规定:熟知本岗位的业务知识和相关技能,岗位操作规范、熟练,具有合格的专业技术水平。③为行动不便的客户提供帮助时,应主动给予特别照顾和帮助。④客户填写业务登记表时,营业人员应给与热情的指导和帮助。⑤并认真审核,如发现填写有误,应及时向客户指出。⑥客户来办理业务时应主动接待,不因遇见熟人或接听电话而怠慢客户。⑦真心实意为客户着想,尽量满足客户的合理要求。⑧对客户的咨询、投诉等不推诿,不拒绝,不搪塞,及时、耐心,准确地给予解答。⑨为客户提供服务时,应礼貌、谦和、热情。⑩接待客户时,应面带微笑,目光专注,做到来有迎声、去有送声。⑪与客户会话时,应亲切、诚恳,有问必答。

(2)《供电营业规则》第二十七条规定:用户移表,须向供电企业提出申请。供电企业应按下列规定办理:①在用电地址、用电容量、用电类别、供电点等不变情况下,可办理移表手续;②移表所需的费用由用户负担;③用户不论何种原因,不得自行移动表位,否则,可按本规则第一百条第5项处理。

7.答:(1)《国家电网公司电力服务事件处置应急预案》规定:可能引起地市级新闻媒体关注,并有可能产生一定影响的停电或供电服务事件,为四级预警。

(2)本事件违反了以下规定:①《国家电网公司电费抄核收工作规范》第五条规定:严格执行抄表制度。按规定的抄表周期和抄表例日准确抄录客户用电计量装置记录的数据。严禁违章抄表作业,不得估抄、漏抄、代抄。确因特殊情况不能按期抄表的,应及时采取补抄措施。②《供电营业规则》第八十三条规定,供电企业应在规定的日期抄录计费电能表读数。③《国家电网公司供电服务规范》第十九条第一款,供电企业应在规定的日期准确抄录计费电能表读数。因客户的原因不能如期抄录计费电能表读数时,可通知客户待期补抄或暂按前次用电量计收电费,待下一次抄表时一并结清。确需调整抄表时间的,应事先通知客户。④《国家电网公司供电服务规范》第四条第二款规定,真心实意为客户着想,尽量满足客户的合理要求。对客户的咨询、投诉等不推诿,不拒绝,不搪塞,及时、耐心、准确地给予解答。⑤《国家电网公司员工服务"十个不准"》第四条规定，不准对客户投诉、咨询推诿塞责。⑥《国家电网公司供电服务"十项承诺"》规定，客户提出抄表数据异常后，7个工作日内核实并答复。

8. 答：（1）本事件违反的相关规定：①《供电营业规则》第六十七条规定，在停电前三至七天内，将停电通知送达用户，对重要用户的停电，应将停电通知报送同级电力管理部门；在停电前30 min，将停电时间再通知用户一次，方可在通知规定时间实施停电。②《国家电网公司员工服务"十个不准"》第一条规定，不准违反规定停电、无故拖延送电。③《供电服务规范》规定，当客户的要求与政策、法律、法规及本企业制度相悖时，应向客户耐心解释，争取客户理解，做到有理有节。遇有客户提出不合理要求时，应向客户委婉说明。不得与客户发生争吵。

（2）《国家电网公司供电服务"十项承诺"》规定，对欠电费客户依法采取停电措施，提前7天送达停电通知书。

9. 答：（1）本事件违反了以下规定：①《电力供应与使用条例》第二十八条规定，因故需要中止供电时，供电企业应按下列要求事先通知用户或进行公告；②因供电设施计划检修需要停电时，应提前七天通知用户或进行公告；③因供电设施临时检修需要停止供电时，应当提前24小时通知重要客户或进行公告；④发供电系统发生故障需要停电、限电或者计划限停电时，供电企业应按确定的限电序位进行停电或限电。但限电序位应事前公告用户。

（2）暴露的问题有：①部分工作人员责任心不强，工作不认真，造成计划检修停电遗漏通知客户现象的发生。②停电通知客户的管理制度不严密，流程不完善，缺少审核监督环节，致使停电计划变更信息遗漏通知客户现象未被及时发现和纠正。③生产部门检修计划编制不严密，临时变更计划停电时间导致无法做到提前7天通知客户。

10. 答：（1）该事件违反了以下规定：①《国家电网公司供电服务规范》第四条第二款规定，真心实意为客户着想，尽量满足客户的合理要求。对客户的咨询、投诉等不推诿，不拒绝，不搪塞，及时、耐心、准确地给予解答。②受理用电业务时，应主动向客户说明该项业务需客户提供的相关资料、办理的基本流程、相关的收费项目和标准，并提供业务咨询和投诉电话号码。

（2）暴露问题有：①缺乏应有的责任心。客户代表引导客户办理"一卡通"时，却没有告知"一卡通"的生效时间，从而产生服务隐患。②缺乏窗口服务常见问题的情景接待模板，服务的规范性有待提高。

11. 答：（1）客户等候时间长达30 min，违反了《供电服务规范》：办理居民客户收费业务的时间一般每件不超过5 min，办理客户用电业务的时间一般每件不超过 20 min。

（2）客户代表小陈在客户张先生等候期间未向客户致歉，违反了《供电服务规范》：如前一位客户业务办理时间过长，应礼貌地向下一个用户致歉。

（3）2号柜台客户代表小李在办完前一客户的业务后接了一个电话就走到后台去了，违反了《供电服务规范》：客户来办理业务时应主动接待，不因遇见熟人或接听电话而怠慢客户。

（4）当有特殊情况必须暂时停办业务时，应列示"暂停营业"标牌。

（5）违反了《供电服务规范》：真心实意为客户着想，尽量满足客户的合理要求。对客户的咨询、投诉等不推诿，不拒绝，不搪塞，及时、耐心、准确地给予解答。

（6）客户代表小陈听到客户问话未认真回答，违反了《国家电网公司员工服务"十个不准"》：不准违反首问负责制，推诿、搪塞、怠慢客户。

12. 答：（1）本案例中客户代表"已经下班，不予打印电费清单"的行为，违反了《供电服务规范》：临下班时，对于正在处理中的业务应照常办理完毕后方可下班。下班时如仍有等候办理业务的客户，应继续办理。

（2）本案例中客户代表打印电费清单随手就丢给了客户的行为，违反了《供电服务规范》：与客户交接钱物时，应唱收唱付，轻拿轻放，不抛不丢。

（3）客户代表小王很不情愿地说道"那你提供一下身份证和用户编号"，违反了《供电服务规范》：为客户提供服务时，应礼貌、谦和、热情。接待客户时，应面带微笑，目光专注，做到来有迎声、去有送声。与客户会话时，应亲切、诚恳，有问必答。

（4）违反了《国家电网公司"十个不准"》：不准违反首问负责制，推诿、搪塞、怠慢客户。

13. 答：（1）违反的规定：

1）违反《供电营业规则》第三章第二十五条，暂换指客户运行中的受电变压器发生故障或计划检修，无相同容量变压器可以替代，需要临时更换大容量变压器代替运行的业务。

2）违反《供电营业规则》第三章第二十五条，暂换的变压器经检验合格后才能投入运行。

（2）暴露的问题：

1）业务人员业务不强，业务术语使用错误。

2）业扩报装业务审核把关不到位。

3）用电检查员对客户现场的检查不到位。

（3）意见和建议：

1）加强业务培训，提高相关工作人员的业务水平。

2）在办理业务变更过程中加大现场用电安全检查的力度，防止设备带病运行。

3）强化规章制度的落实工作，加大工作差错考核。

14. 答：（1）因供电设施计划检修需要停电时，供电企业应当提前7天通知用户或者进行公告。

（2）因供电设施临时检修需要停止供电时，供电企业应当提前24小时通知重要用户。

（3）因发电、供电系统发生故障需要停电、限电时，供电企业应当按照事先确定的限电序位进行停电或者限电。引起停电或者限电的原因消除后，供电企业应当尽快恢复供电。

15. 答：用户认为供电企业装设的计费电能表不准时，有权向供电企业提出校验申请，在用户交付验表费后，供电企业应在七天内检验，并将检验结果通知用户。如计费电能表的误差在允许范围内，验表费不退；如计费电能表的误差超出允许范围时，除退还验表费外，并应退补电费。用户对检验结果有异议时，可向供电企业上级计量检定机构申请检定。用户在申请验表期间，其电费仍应按期交纳，验表结果确认后，再行退补电费。

16. 答："三型一化"转型后的供电营业厅在业务办理区、自助服务区、线上体验区均可实现业务办理功能，且可实现24小时业务受理，而传统营业厅仅能在柜台受理客户业务，这一转变可将传统业务办理区受理的大量业扩报装、变更用电业务往线上渠道转移，实现供电服务线上全天候受理，有效减少客户往返营业厅次数与等待时间，提高营业厅服务效率与服务质量，让客户切身感受"足不出户，轻松办电"的用电体验，从而提高客户满意度和黏合度，抢占市场先机，增加市场份额。

17. 答：（1）如果电能表户名为自然人，需提供户主身份证明；如果为非自然人，则需提供电能表户名的公章及法人私章。

（2）《智能交费结算协议》需要求客户填写电费余额报警阈值。

（3）综合柜员需提醒客户《智能交费结算协议》签订的抄表周期为"按期"抄表。

18. 答：服务投诉、营业投诉、停送电投诉、供电质量投诉、电网建设投诉五类。

四、综合题

1. 答：（1）本事件违反了以下规定：
《国家电网公司供电服务质量标准》第6.1条：供电方案答复期限：居民客户不超过3个工作日，其他低压电力客户不超过7个工作日，高压单电源客户不超过15个工作日，高压双电源客户不超过30个工作日。

（2）该案例暴露出供电企业存在的问题：

1）业扩报装流程各环节时限监控不到位。

2）业务受理人员工作责任心不强，服务意识淡薄，未能按承诺时限安排人员勘查。

2. 答：（1）该事件暴露的问题：

1）服务人员小李态度生硬，语言沟通不到位，服务意识差，没有设身处地为客户考虑。

2）服务人员小李业务操作不熟，当客户没有户号时，应尝试通过房屋地址等信息为其查询，客户无法确认，也应委婉告知。

3）服务人员小李服务规范执行不到位，输入户号未与客户核对，也未询问客户是否需要短信提醒，导致客户事后才发现业务办错了户号。

4）服务人员小李业务能力较差，办理更改户名或者新装等业务，应主动询问客户是否需要开通峰谷电等关联业务，明确电价、收费标准、交费方式介绍等。

5）接待王先生第一次咨询业务的服务人员未执行"一次告知制"，是客户投诉的潜在因素。

（2）措施建议：

1）组织工作人员认真学习"三个十条"及相关业务规范，加强工作人员的业务技能培训。

2）加强营业厅服务人员的工作责任心，提高为广大用电客户服务的意识。

3）完善"首问责任制"、"一次告知制"、"最多跑一次"等制度执行情况的考核机制。

3. 答：（1）违规条款：

1）客户反映电量突增，座席人员引导客户查电表指数和自查后就引导客户校验电表，没有找出6月份电量突增是因换表流程滞后造成，违反了《国家电网公司供电服务规范》第四条第二款的规定：真心实意为客户着想，尽量满足客户的合理要求。对客户的咨询、投诉等不推诿、不拒绝、不搪塞，用时、耐心、准确地给予解答。

2）5月份现场周期轮换电表没有通知客户，且换表流程于抄表后10天才完成归档，违反了《国家电网公司供电服务规范》第二十一条第一款的规定：供电公司在新装、换装及现场校验后应对电能计量装置加封，并请客户在工作凭证上签章。如居民客户不在家，应以其他方式通知其电能表底数。拆回的电能计量装置应在表库至少存放1个月，以便客户提出异议时进行复核。

（2）暴露问题：

1）座席人员业务水平有待于提高。只关注6月份电量，无法正确查询SG186系统中客户月用电量的变化情况，未发现换表流程滞后引发无法及时录入读数，无法正确判断客户电量突增的原因。

2）装表人员没有按照规定做好换表工作的告知和拆表底数的确认工作，没有及时完成 SG186 系统中换表流程，造成抄表人员无法及时录入新表读数。

（3）措施建议：

1）加强座席人员业务培训。针对客户电量突增问题，应进行不同情况的分析和判断，查找问题所在，引导客户进行校表一般都不能解决客户电量突增的问题；同时应加强轮换表等业务流程知识的学习。

2）组织装表人员认真学习电力法规和电能计量管理规程知识，加强法律意识、责任意识和服务意识，正确做好换表工作的告知和电表底数的确认工作，确保客户的知情权。

第九章 抄表催费

一、单选题

1. 供电企业至少对按其不同电价类别的用电设备容量的比例或定量进行分算的，每年核定（　　）次，用户不得拒绝。
    A. 1　　　　B. 2　　　　C. 3　　　　D. 4

2. 客户认为供电企业装设的计费电能表不准时，有权向供电企业提出（　　）申请。
    A. 换表　　　B. 校验　　　C. 新装　　　D. 用电

3. 互感器或电能表误差超出允许范围时，以"0"误差为基准，按验证后的误差值退补电量。退补时间从上次校验或换装后投入之日起至误差更正之日止的（　　）时间计算。
    A. 二分之一　B. 三分之一　C. 四分之一　D. 五分之一

4. 电能表的最大电流应是参比电流的整数倍，倍数不宜小于（　　）倍。
    A. 2　　　　B. 4　　　　C. 6　　　　D. 8

5. DT784型电能表是（　　）。
    A. 单相有功电能表　　　　B. 三相三线有功电能表
    C. 三相四线有功电能表　　D. 以上均不正确

6. 电能表的准确度等级是表示（　　）的。
    A. 相对误差　　　　　　　B. 最大引用误差
    C. 绝对误差　　　　　　　D. 以上全部

7. 室内电能表宜安装在其水平中心线距地面的（　　）m的高度。
    A. 0.5～1.5　　　　　　　B. 0.5～1.8
    C. 0.8～1.5　　　　　　　D. 0.8～1.8

8. 电能表安装必须垂直牢固，表中心线向各方向的倾斜不大于（　　）°。
    A. 1　　　　B. 2　　　　C. 3　　　　D. 4

9. 更换电能表作业时，电能表安装应按照（　　）的原则进行接线。
    A. 先进后出、先相后零、从左到右
    B. 先进后出、先零后相、从右到左

21. 未经供电企业同意，擅自引入（供出）电源或将备用电源和其他电源私自并网属于窃电行为。

（　　）

22. 太阳能光伏系统不仅只在强烈阳光下运作，在阴天也能发电。由于反射阳光，晴天比少云的天气发电效果要好。

（　　）

23. 低压隔离开关的主要用途是隔离电源，在电气设备维护检修需要切断电源时，使之与带电部分隔离，并保持足够的安全距离，保证检修人员的人身安全。

（　　）

24. "三型一化"营业厅转型应扩大收费区功能，提升自助区功能，推进自助设备功能业务全覆盖、使用便捷化。

（　　）

25. 用户因修缮房屋等原因需要暂时停止用电并拆表，应办理暂停业务。

（　　）

26. 居民生活、农业生产用电，实行单一制电度电价，条件具备的也可实行两部制电价。

（　　）

27. 现行的浙江省居民阶梯电价，第二档电量为 2781~4800kWh，电价在第一档电价基础上加价 0.05 元。

（　　）

28. 抄表例日变更时，应事前告知相关客户。高压客户的抄表例日变更应与客户协商一致。

（　　）

29. 当红外抄见数据与现场不符时，以红外抄见读数为准。

（　　）

30. 委托代收电费是指委托银行、邮政等合作单位通过柜收、网上代收、批量代扣、托收等电费代收方式。
（   ）

31. 对基建工地、农田水利、市政建设、抢险救灾、举办大型展览等临时用电实行临时用电电价。
（   ）

32. 禁止任何单位和个人在电费中加收其他费用；但是，法律、行政法规另有规定的，照规定执行。
（   ）

33. 集中抄表终端是对低压用户用电信息进行采集的设备，包括集中器、采集器、读取器。
（   ）

34. 停电人员到达现场后，应查勘是否具备停电条件，并在停电操作前再次核对客户是否已缴清欠费。如客户已缴清电费，停电人员不得实施停电。
（   ）

35. 抄表数据上传后，进行电量复核，对错误的数据可进行修改，营销系统不会自动记录每一次修改情况。完成电量复核后，提交到电费审核部门。
（   ）

36. 采用手工抄表、抄表机抄表、自动抄表不同抄表方式的客户可以混编在一个抄表段。
（   ）

37. 为残疾人办的企业（必须符合国家的有关规定，且380/220V供电的用户），其生产用电价格执行部队、狱政用电。
（   ）

38. 针对新的阶梯电价，当年分档电量余额可以结转到次年。
（   ）

39. 供电企业可以对用户受电工程指定设计单位、施工单位和设备材料供应单位。
（   ）

40. 在进行电能表抄读工作时，不用宣传电力法律、法规、政策及安全用电常识，解答用电业务咨询。
（　　）

41. 电费发布后，若发现漏抄客户，应及时对漏抄客户进行补抄，并提交审核。
（　　）

42. 催费服务前期可采用电话、传真、短信、电子邮件等方式通知。
（　　）

43. 接到客户反映电费差错，经核实确实由供电企业引起的，应于5个工作日内将差错电量电费退还给客户，涉及现金款项退费的应于10个工作日内完成。
（　　）

四、简答题

1. 电能计量装置安装施工工艺的基本要求有哪些？

2. 多功能电能表主要功能有哪些？

3. 装表接电工作结束后竣工检查的检查资料有哪些？

4. 简述窃电的类型。

5. 哪些行为属于违约用电？

6. 降低线损的运维措施有哪些？（答出五项以上不扣分）

7. 供电所经济活动分析中，线损分析的内容有哪些？

8. 用电检查人员应遵守的纪律有哪些？

9. "智能电管家"的定义是什么？

10. 线上交费渠道有哪些？

11. 简述现场抄表时可能遇到的抄表异常类型。

12. 某大工业用户，按容量计算基本电费，新装一台容量为 500kVA 变压器，2015 年 2 月 5 日投入运行，2 月份应收基本电费为多少？（该用户月末零点结算电费，基本电价 30 元 /kVA · 月）

13. 某 10kV 大工业客户，按容量计算基本电费，原容量为 1260kVA，2014 年 5 月 23 日申请减容 630kVA 变压器 1 台，求该户 5 月份基本电费。（该用户月末零点结算电费，容量基本电价 30 元 /kVA · 月）

14. 某大工业客户，高供高计，总容量 1000kVA，按容量计算基本电费，4 月 1 日，供电企业经检查发现该客户私增一台高压电机，当即拆除高压电机。经核实客户高压电机容量 500kW，投入时间是 3 月 26 日。求该户 3 月应交基本电费及违约使用电费。（该用户月末零点结算电费，基本电价 30 元 / kVA · 月）

15. 某大工业客户 10kV 供电，总容量 2200kVA，按容量计算基本电费，3 月份暂停容量 1000kVA 变压器一台，报停变压器经供电企业加封。6 月 1 日，供电企业抄表人员抄表时发现该客户擅自启用已暂停的那台变压器。抄表人员当即将客户违约现象汇报，供电企业随即派用电检查人员现场核实，经核实客户那台变压器投入时间是 5 月 11 日。客户对违约用电行为认错态度好，表示承担违约责任，当即拆除变压器，用电检查人员对那台安变压器重新加封，该户 5 月份应交基本电费及违约使用电费为多少？（该用户月末零点结算电费，基本电价 30 元 /kVA · 月）

16. 某一非普工业用户，与供电企业合同约定每月于抄表后结清当月电费，其功率因数达到规定要求。2008 年 4 月 30 日有功电能表止码为 45600 kWh，5 月 30 日抄见电表电量为 64000 kWh。该地区 2008 年 6 月 30 日前非普工业电价为 0.715 元 / kWh，2008 年 7 月 1 日国家将该地区非普工业电价调整为 0.825 元 / kWh。该用户由于某种原因未能按期缴纳 5 月份有功电费，经催缴于 2008 年 7 月 22 日才到营业所缴纳电费（按延迟缴纳电费 51 天计算）。此时该用户应缴纳的费用各为多少？上述客户缴纳费用的依据是什么？

本章答案

一、单选题

1. A	2. B	3. A	4. B	5. C	6. B	7. D	8. A
9. C	10. A	11. B	12. D	13. D	14. B	15. B	16. C
17. B	18. B	19. C	20. A	21. C	22. B	23. B	24. C
25. B	26. D	27. B	28. C	29. C	30. D	31. B	32. D
33. B	34. A	35. B	36. C	37. B	38. D	39. B	40. C
41. A	42. D	43. A	44. D	45. A	46. A	47. C	48. A
49. D	50. A	51. D	52. B	53. C	54. B	55. A	56. C
57. D	58. C	59. D	60. B	61. D	62. C	63. C	64. B
65. A	66. B	67. C	68. D	69. A	70. B	71. C	72. B
73. D	74. C	75. B	76. C	77. D	78. C	79. B	80. B
81. A	82. A	83. B	84. B	85. D	86. A	87. A	88. C

二、多选题

1. AB	2. AD	3. CD	4. ABCD	5. BCD
6. AD	7. ABCD	8. ABCD	9. BCD	10. ABCDE
11. BD	12. AC	13. ABCD	14. ABCD	15. ABCD
16. ABC	17. ABCD	18. BCD	19. AB	20. ABCD
21. ABC	22. ABC	23. ABCD	24. ABC	25. ABC
26. ABC	27. BC	28. ABD	29. ABD	30. ABC
31. ABCD	32. ABCD	33. ABC	34. ABCD	35. ACD
36. ABCD	37. AB			

三、判断题

1. ×	2. ×	3. ×	4. ×	5. √	6. √	7. ×	8. ×
9. √	10. ×	11. √	12. √	13. √	14. ×	15. √	16. ×
17. ×	18. ×	19. √	20. √	21. √	22. ×	23. √	24. ×
25. ×	26. ×	27. ×	28. √	29. ×	30. √	31. √	32. √
33. ×	34. √	35. ×	36. ×	37. √	38. ×	39. ×	40. ×

41. √　　42. √　　43. ×

四、简答题

1. 答：①按图施工；②接线正确；③电气连接可靠；④接触良好；⑤配线整齐美观；⑥导线无损伤；⑦绝缘良好。

2. 答：①电能计量功能；②最大需量测量；③费率和时段功能；④电池自动充电功能。

3. 答：（1）电能计量装置计量方式原理接线一、二次接线图，施工设计图和施工变更资料；

（2）电压、电流互感器安装使用说明书、出厂检验报告、法定计量检定机构的检定证书；

（3）计量柜（箱）的出厂检验报告、说明书；

（4）二次回路导线或电缆的型号、规格及长度；

（5）电压互感器二次回路中的熔断器、接线端子的说明书等，高压电气设备的接地及绝缘试验报告；

（6）施工过程中需要说明的其他资料。

4. 答：（1）在供电企业的供电设施上，擅自接线用电。

（2）绕越供电企业的用电计量装置用电。

（3）伪造、开启法定的或者授权的计量检定机构加封的用电计量装置封印用电。

（4）故意损坏供电企业用电计量装置。

（5）故意使供电企业的用电计量装置计量不准或者失效。

（6）采用其他办法窃电。

5. 答：下列危害供用电安全，扰乱正常供用电秩序的行为，属于违约用电行为：

（1）擅自改变用电类别。

（2）擅自超过合同约定的容量用电。

（3）擅自超过计划分配的用电指标。

（4）擅自使用已在供电企业办理暂停手续的电力设备或启用供电企业封存的电力设备。

（5）擅自迁移、更动和擅自操作供电企业的用电计量装置、电力负荷管理装置、供电设施以及约定由供电企业调度的用户受电设备。

（6）未经用电企业同意，擅自引入（供出）电源或将备用电源和其他电源私自并用。

6. 答：（1）确定最经济的电网接线方式。
（2）提高电力网的运行电压，特别是配电变压器低压出口电压。
（3）合理安排配电网运行方式，确保电网可靠经济运行。
（4）合理分配用电负荷，提高配电变压器负荷率。
（5）治理三相不平衡。
（6）对配电网合理配置电力电容器，降低无功功率的影响。
（7）科学安排设备运维检修工作。

7. 答：（1）指标完成情况。
（2）10kV 高压线损分析。
（3）分台区低压线损分析。
（4）降低线损所做的主要工作及存在问题。
（5）下一步降损计划。

8. 答：（1）用电检查人员应认真履行用电检查职责，赴客户执行用电检查任务时，应随身携带《用电检查证》，并按《用电检查工作单》规定项目和内容进行检查。
（2）用电检查人员在执行用电检查任务时，应遵守客户的保卫保密规定，不得在检查现场替代用户进行电工作业。
（3）用电检查人员必须遵纪守法，依法检查，廉洁公正，不徇私舞弊，不以电谋私。违反本规定者，依据有关规定给予经济的、性质的处分；构成犯罪的，依法追究其刑事责任。

9. 答："智能电管家"是依托"互联网+"、智能电能表等技术手段，以市场为导向，以客户为中心，整合掌上电力、电 e 宝、支付宝服务窗等线上服务资源，实现用户"自助购电、自主用电、自在管电"的服务品牌。

10. 答：线上交费渠道包括电 e 宝、掌上电力 APP、支付宝、微信等。

11. 答：门闭；计量装置停走、过载烧坏等故障；电量数据突变，突增突减；违约用电、窃电；现场无表；信息不符；时钟异常。

12. 答：应收基本电费 =30×500/30×24=12000.00（元）

13. 答：1260×30×22/30+630×30×9/30=33390（元）

14. 答：应交基本电费=1000×30+500×6/30×30=33000.00（元）
违约使用电费=500×6/30×30×3=9000.00元

15. 答：应交基本电费=（2200-1000）×30+1000×21/30×30=57000.00（元）
违约使用电费=1000×21/30×30×3=63000.00（元）

16. 答：（1）5月用电量= 64000 − 45600 = 18400（kWh）
5月应收的电费= 18400×0.715 = 13156（元）
（2）7月20日应补收5月电费= 18400×0.825 = 15180（元）
7月20日应收5月电费滞纳金= 15180×0.2%×51 = 1548.36（元）
应收滞纳金为1548.36元（注：不足1元按1元计算）
此时，该用户应收5月份电费和滞纳金= 15180 + 1548.36 = 16728.36（元）
（3）收费依据：
1）5月份的电费金额计算按照《供电营业规则》等规定。
2）7月份补交5月份电费按照《合同法》六十三条关于价格对合同效力的影响。
《合同法》第六十三条指出，执行政府定价或者政府指导价的，在合同约定的交付期限内政府价格调整时，按照交付时的价格计价。逾期交付标的物的，遇价格上涨时，按照原价格执行；价格下降时，按照新价格执行。逾期提取标的物或者逾期付款的，遇价格上涨时，按照新价格执行；价格下降时，按照原价格执行。依据该条款，供电企业在遇到拖欠电费时应做如下处理，逾期付款的，遇电费价格上涨时，按新价格执行；遇电费价格下降时，按原价格执行。
3）滞纳金依据《供电营业规则》第九十八条的规定。
"用户在供电企业规定的期限内未交清电费时，应承担电费滞纳的违约责任。电费违约金从逾期之日起计算至交纳日止。每日电费违约金按下列规定计算：
"1.居民用户每日按欠费总额的千分之一计算；
"2.其他用户：（1）当年欠费部分，每日按欠费总额的千分之二计算；
"（2）跨年度欠费部分，每日按欠费总额的千分之三计算。
"电费违约金收取总额按日累加计收，总额不足1元者按1元收取。"

第三篇 ▶▶ 运检模块

本模块为运检模块，分为三部分，考察以线路运行维护检修、智能剩余电流动作保护器和系统管控为主的知识点，共设置单选题73题，多选题20题，判断题63题，简答题15题，综合题1题，进一步提升供电所的运检业务能力，供"全能型"供电所的员工和电力培训机构参考。

第十章 线路运行、维护与检修

一、单选题

1. （　　）是连接在电力线路和大地之间，使雷云向大地放电，从而保护电气设备的器具。
   A. 熔断器　　B. 断路器　　C. 继电器　　D. 避雷器

2. 配电线路中担负着向用户分配传送电能作用的元件是（　　）。
   A. 电杆　　B. 拉线　　C. 导线　　D. 架空地线

3. 架空线路导线的材料和结构用汉语拼音字母表示，钢芯铝绞线的字母表示为（　　）。
   A. LJ　　B. HLJ　　C. GL　　D. LGJ

4. 配电变压器低压侧中性点的工作接地电阻一般不应大于（　　）Ω，容量在 100kVA 以下配电变压器的接地电阻不大于 10Ω。
   A. 3　　B. 4　　C. 5　　D. 6

5. 低压接户线档距不宜超过（　　）m。
   A. 20　　B. 25　　C. 30　　D. 40

6. 低压接户线在弱电线路的上方时，低压绝缘接户线与弱电线路的交叉距离，不应小于（　　）m。
   A. 0.3　　B. 0.4　　C. 0.5　　D. 0.6

7. 低压针式绝缘子的符号为（　　）。
   A. ED　　B. XP　　C. PD　　D. J

8. 电缆结构中用来将线芯与大地以及不同相的线芯间在电气上彼此隔离的是（　　）。
   A. 线芯　　B. 绝缘层　　C. 屏蔽层　　D. 保护层

9. 五芯电缆一般用在（　　）电力系统中。
   A. 单相交流电　　B. 三相交流电　　C. 低压配电线路　　D. TN-S 系统

10. 聚乙烯绝缘电缆允许最高工作温度（　　）℃。
    A. 65　　B. 70　　C. 7　　D. 90

11.《配电网技术导则》（QGDW10370—2016）中，对各类电力用户的供电电压偏差限值进行了规定，要求220V单相供电电压偏差为标称电压的（　　）。

  A. ±7%　　　B. +7%，−10%　C. −7%，+10%　D. ±10%

12. 选择进户点时，应考虑尽量接近（　　）。

  A. 用电设备　　B. 用电负荷中心　　　　　C. 用电线路

13. 每一路接户线的线长不得超过（　　）m。

  A. 100　　　B. 80　　　C. 60　　　D. 40

14. 每一路接户线，支持进户点应不多于（　　）个。

  A. 1　　　　B. 8　　　　C. 6　　　　D. 10

15. 接户线的档距不应大于（　　）m。

  A. 10　　　　B. 15　　　C. 20　　　D. 25

16. 接户线的档距超过（　　）m时，应按低压配电线路架设。

  A. 25　　　　B. 30　　　C. 40　　　D. 50

17. 接户线对地距离不应小于（　　）m。

  A. 2.5　　　B. 3.0　　　C. 4.0　　　D. 3.5

18. 接户线与窗户或阳台的距离不应小于（　　）m。

  A. 0.50　　　B. 0.75　　C. 0.60　　D. 0.70

19. 接户线与墙壁构架的距离不小于（　　）m。

  A. 0.04　　　B. 0.05　　C. 0.06　　D. 0.07

20. 室外配电箱应牢固地安装在支架或基础上，箱底距地面高度不低于（　　）m，并采取防止攀登的措施。

  A. 0.3　　　　B. 0.5　　　C. 1　　　　D. 1.5

21. 室内配电箱落地安装的基础应高出地面（　　）mm。

  A. 30～50　　B. 30～100　C. 50～100　D. 50～150

22. 室内配电箱明装于墙壁时，底部距地面（　　）m。

  A. 1.2　　　　B. 1.4　　　C. 1.5　　　D. 1.8

23. 采用农用直埋塑料绝缘塑料护套电线时,应在冻土层以下且不小于（ ）m 处敷设。

    A. 0.5   B. 0.6   C. 0.7   D. 0.8

24. 低压电器电压线圈动作值的校验,应符合线圈的吸合电压不大于额定电压的（ ）,释放电压应不小于额定电压的（ ）。

    A. 85%　5%   B. 80%　15%   C. 70%　20%   D. 60%　15%

25. 巡视中发现（ ）时,应立即终止其他设备巡视,在做好防止行人触电的安全措施后,立即上报相关部门进行处理。

    A. 一般缺陷   B. 重大缺陷   C. 紧急缺陷   D. 特殊缺陷

26. 接地装置的接地电阻一般（ ）测量一次。

    A. 每季   B. 每半年   C. 1～3年   D. 3～5年

27. 测量低压电器连同所连电缆及二次回路的绝缘电阻值,应不小于（ ）MΩ,在比较潮湿的地方可以不小于0.5MΩ。

    A. 10   B. 4   C. 1   D. 0.5

28. 雷击产生的线路（ ）,会将电缆附件的绝缘薄弱点击穿,造成电缆故障。

    A. 过电流   B. 过电压   C. 过负荷   D. 闪络

29. 定期巡视主要是检查线路各元件运行情况,有无异常损坏现象,（ ）线路及沿线的情况,并向群众做好防护宣传工作。

    A. 熟悉   B. 了解   C. 分析   D. 掌握

30. 特殊巡视（ ）要对全线路进行检查,只是对特殊线路的特殊地段进行检查,以便发现异常现象采取相应措施。

    A. 不一定   B. 一定   C. 必须   D. 要求

31. 巡视人员发现导线、电缆断落地面或悬吊空中,应设法防止行人靠近断线点8m以内,以免（ ）跨步电压伤人,并迅速报告调度和上级,等候处理。

    A. 感应电压   B. 跨步电压   C. 感应电流   D. 电弧

32. 暑天、山区巡线应配备必要的防护工具和（ ）。

    A. 药品   B. 食品   C. 照明工具   D. 饮用水

33. 配电线路巡视时，沿线情况应检查跨越鱼塘、湖泊等架空线路附近是否有"（　　）"的警示牌。
　　A. 严禁钓鱼　　　　　　　　B. 止步，高压危险
　　C. 禁止攀登，高压危险　　　D. 有电危险

34. 夜间巡视在（　　）情况下进行效果最好。
　　A. 最大负荷　　　　　　　　B. 最小负荷
　　C. 平均负荷　　　　　　　　D. 三者都行

35. 单人巡线时，（　　）攀登电杆和铁塔。
　　A. 允许　　B. 禁止　　C. 可以　　D. 不能

36. 为了查明线路故障原因，找出故障点，便于及时处理并恢复送电而进行的巡视称作（　　）。
　　A. 夜间巡视　　B. 特殊巡视　　C. 故障巡视　　D. 定期巡视

37. 在运行中要求，电杆不宜有纵向裂纹，横向裂纹宽度不宜大于（　　）mm。
　　A. 0.1　　B. 0.2　　C. 0.5　　D. 1

38. 在配电线路运行标准中规定，杆塔偏离线路中心线不应大于（　　）。
　　A. 0.1mm　　B. 0.1cm　　C. 0.1m　　D. 50mm

39. 横担与金属应无严重锈蚀、变形、腐朽。铁横担、金具锈蚀不应起皮和出现严重麻点，锈蚀表面积不宜超过（　　）。
　　A. 1/10　　B. 1/8　　C. 1/4　　D. 1/2

40. 在配电线路运行标准中规定，混凝土杆横向裂纹不宜超过周长的（　　）。
　　A. 1/8　　B. 1/4　　C. 1/3　　D. 1/2

41. 在配电线路运行标准中规定，转角杆不应向内角侧倾斜，终端杆不应向导线侧倾斜。终端杆向拉线倾斜应小于（　　）mm。
　　A. 100　　B. 200　　C. 300　　D. 400

42. 配电线路一般档距导线弧垂相差不应超过（　　）mm。
　　A. 20　　B. 30　　C. 50　　D. 500

43. 运行中，导线引下线对拉线的净空距离：1～10kV 不小于（　）m。
    A. 0.1　　　B. 0.15　　　C. 0.2　　　D. 无要求

44. 运行中，导线引下线对拉线的净空距离：1kV 以下不小于（　）m。
    A. 0.1　　　B. 0.15　　　C. 0.2　　　D. 无要求

45. 水平拉线对通车路面中心的升起距离不应小于（　）m。
    A. 2.5　　　B. 5　　　C. 6　　　D. 4

46. 1kV 以下配电线路导线最大计算弧垂对居民区地面最小距离为（　）m。
    A. 3　　　B. 4　　　C. 5　　　D. 6

47. 1kV 以下架空配电线路与弱电线路的最小垂直距离为（　）m。
    A. 0.5　　　B. 0.8　　　C. 1　　　D. 2

48. 跨越道路的水平拉线，对路边缘的垂直距离不应小于（　）m。
    A. 2.5　　　B. 5　　　C. 6　　　D. 7

49. 1kV 以下接户线受电端的对地面垂直距离为（　）m。
    A. 1.5　　　B. 2　　　C. 2.5　　　D. 3

50. 在线路带电情况下，砍剪靠近线路的树木时，人员、树木、绳索应与导线保持（　）的安全距离。
    A. 1m　　　　　　　　　B. 2m
    C. 3m　　　　　　　　　D. 杆高的 1.2 倍

51. 大风天气，（　）砍剪高出或接近导线的树木。
    A. 可以　　　　　　　　B. 允许
    C. 禁止　　　　　　　　D. 不能

52. 配电线路故障分为（　）和断路两种。
    A. 过负荷　　B. 短路　　C. 开路　　D. 接地

53. 接地线截面积应满足装设地点短路电流的要求，且高压接地线的截面不得小于（　）mm^2。
    A. 16　　　B. 25　　　C. 36　　　D. 20

54. 线路施工现场安全管理：坑洞开挖工作的主要危险点有（   ）。
   A. 地下设施、管线外破，塌方，煤气、沼气中毒，误坠坑洞，地埋线、地下电缆外破触电
   B. 地下设施、管线外破，塌方，煤气、沼气中毒，误坠坑洞，地埋线、吊运过程砸碰
   C. 触电电或电弧烧伤；地下设施、管线外破；塌方，煤气、沼气中毒
   D. 触电高处坠落；高空坠物；地下设施、管线外破，塌方，煤气、沼气中毒

55. 线路施工现场安全管理：装表、接电工作的主要危险点有（   ）。
   A. 触电或电弧烧灼、相间短路、单相接地、误接线、高处坠落
   B. 触电相间短路、单相接地
   C. 触电或电弧烧灼、高处坠落、误登杆塔、误接线
   D. 触电、高处坠落、高空聚合物、移动屏柜时挤碰

56. 线路施工现场安全管理：低压带电作业工作的主要危险点有（   ）。
   A. 触电或电弧烧灼、相间短路、单相接地、误接线、高处坠落、马蜂蜇伤
   B. 触电、相间短路、单相接地
   C. 触电或电弧烧灼、误接线、高处坠落、误登标塔
   D. 触电、高处坠落、高空聚合物、移动屏柜时挤碰

57. 砍伐树木时，（   ）攀登已经锯过或砍过的未断树枝。
   A. 可以   B. 允许   C. 不应   D. 必须

58. 2018 年，省公司供电所管理工作目标提出，提升精益运维和抢修响应服务能力水平，每万户工单数下降（   ），抢修平均恢复时长缩短至（   ）min 以内。
   A. 20%   90   B. 15%   100   C. 20%   100   D. 15%   90

59. 根据《供电营业规则》，供电企业因供电设施临时检修需要停电的，供电企业应当提前（   ）公告停电区域、停电线路和停电时间。
   A. 24 小时   B. 7 日   C. 48 小时   D. 3 日

60. 供电设备计划检修时，对（   ）千伏及以上电压等级供电的客户的停电次数，每年不应超过 1 次；对（   ）千伏电压等级供电的客户，每年不应超过 3 次。
   A. 35   20   B. 35   10   C. 110   35   D. 110   10

61. 装设接地线应（   ），拆除接地线的顺序与此相反。
    A. 先接母线侧、后接负荷侧
    B. 先接负荷侧、后接母线侧
    C. 先接导体端、后接接地端
    D. 先接接地端、后接导体端

62. 当发生供电故障时，供电企业应当迅速抢修，尽快恢复正常供电。供电企业工作人员到达抢修现场的时限，自接到报修之时起，城区范围不超过（   ）min。
    A. 45　　　　B. 90　　　　C. 120　　　　D. 240

63. 当发生供电故障时，供电企业应当迅速抢修，尽快恢复正常供电。供电企业工作人员到达抢修现场的时限，自接到报修之时起，农村地区不超过（   ）min。
    A. 60　　　　B. 90　　　　C. 120　　　　D. 240

64. 分布式光伏接入公网 380V 系统，当接入容量超过本台区配电变压器额定容量 25% 时，相应公网配电变压器低压侧刀熔总开关应改造为低压总开关，并在配电变压器低压母线处装设（   ）。
    A. 防孤岛装置　　B. 反孤岛装置　　C. 接地刀闸　　D. 防浪涌装置

二、多选题

1. 接户线的档距超过（   ）m 时应装设接户杆，超过（   ）m 时应按低压配电线路架设。
    A. 25　　　　B. 30　　　　C. 40　　　　D. 60

2. 电力网的电力线路按其功能一般可分为（   ）。
    A. 输电线路　　B. 低压线路　　C. 配电线路　　D. 高压线路

3. 电力线路按架设方式可分为（   ）两大类。
    A. 输电线路
    B. 架空电力线路
    C. 电缆电力线路
    D. 配电线路

4. 根据导线拉力大小，低压接户线一般采用（   ）的连接方式固定在房屋的支持点上。
    A. 悬式绝缘子　　B. 蝶式绝缘子　　C. 耐张线夹　　D. 针式绝缘子

5. 导线截面选择的依据是（　　）。
　　A. 允许电流损耗　　　　　　　B. 发热条件
　　C. 允许电压损耗　　　　　　　D. 机械强度和经济电流密度

6. 电力电缆的基本结构由（　　）组成。
　　A. 线芯　　　B. 绝缘层　　　C. 屏蔽层　　　D. 保护层

7. 以下可以改善低压三相负荷不平衡的措施有（　　）。
　　A. 重视低压配电网的规划工作，遵守"小容量、多布点、短半径"的配电变压器选址原则
　　B. 在采用低压三相四线制供电的地区，要对有条件的配电台区采用三相四线直接供电至客户末端的方式
　　C. 在低压配电网中性线采用多点接地，降低中性线电能损耗
　　D. 对单相负荷占较大比重的供电地区可积极推广三相变压器供电

8. 以下属于电能质量指标的是（　　）。
　　A. 谐波　　　B. 电压偏差　　　C. 三相电压不平衡　　　D. 供电可靠性

9. 采取补偿无功功率的措施能（　　）。
　　A. 改善功率因数　　　　　　　B. 节约电能
　　C. 提高供电质量　　　　　　　D. 提高供电设备的供电能力

10. 进户点的选择应符合（　　）。
　　A. 进户点处的建筑物应坚固，并无漏水情况
　　B. 便于进行施工、维护和检修
　　C. 靠近供电线路和负荷中心
　　D. 尽可能与附近房屋的进户点取得一致

11. 进户点的选择应不包括（　　）。
　　A. 进户点处的建筑物应坚固，并无漏水情况
　　B. 便于进行施工、维护和检修
　　C. 远离供电线路和负荷中心
　　D. 必须与附近房屋的进户点取得一致

12. 进户线穿管引至电能计量装置，应符合以下条件（　　）。
　　A. 管口与接户线第一支持点的垂直距离宜在 0.5m 以内
　　B. 金属管或塑料管在室外进线口应做防水弯头，弯头或管口应向下

C. 穿墙硬管的安装应内高外低，以免雨水灌入，硬管露出墙部分不应小于30mm

D. 管径选择，宜使导线截面之和占管子总截面的 40%

E. 导线在管内不准有接头

13. 巡视人员应熟悉设备的（　　　）。
   A. 运行情况　　　　　　B. 相关技术参数
   C. 周围自然情况　　　　D. 地理环境

14. 配电设备巡视一般分为（　　　）。
   A. 定期巡视　　B. 特殊性巡视　　C. 夜间巡视
   D. 故障性巡视　E. 监察性巡视

15. 配电线路巡视的内容包括（　　　）、拉线、金具、绝缘子及沿线情况。
   A. 杆塔　　　　B. 导线　　　　C. 电缆　　　　D. 横担

16. 进一步推进营配调贯通、末端融合，深化停电信息报送应用，根据营配调贯通情况，逐步实现停电信息（　　　）。
   A. 生成自动化　　　　　B. 报送智能化
   C. 通知主动化　　　　　D. 查询流程化

17. 《供电营业规则》规定，下列选项中属于变更用电的有（　　　）。
   A. 减容　　　B. 暂停　　　C. 暂换　　　D. 迁址

三、判断题

1. 架空绝缘导线的允许载流量比裸导线大，所以不易遭受雷电流侵害。
（　　　）

2. 不同用途、不同电压的电力设备，除另有规定者外，不能共用一个总接地体。
（　　　）

3. 接户线的进户端对地面的垂直距离不宜小于2m。
（　　　）

4. 低压接户线通常使用绝缘线进行连接。
（　　　）

5. 进户线与弱电线路可以一起进户。

(   )

6. 蝶式绝缘子主要用在中、低压绝缘配电线路。

(   )

7. 在巡视时,应观察设备标志、调度编号是否齐全、规范,是否符合规程规定。

(   )

8. 电压偏差调节一般采取无功就地平衡的方式进行无功补偿,并及时调整无功补偿量,从源头上解决问题。

(   )

9. 直线杆杆顶比较简单,一般不装设拉线。

(   )

10. 一定容量的供电设备所供给的有功功率,不受功率因数影响。

(   )

11. 巡线工作应由有电力线路工作经验的人员担任。

(   )

12. 所有的巡视工作必须按照规定的巡视周期进行。

(   )

13. 监察性巡视可全线检查,也可对部分线路抽查。

(   )

14. 线路巡视的形式只有定期巡视、故障巡视、登杆检查三种。

(   )

15. 在巡视拉线时应注意拉线位置有无妨碍交通或易被车撞等危险。

(   )

16. 在巡视时，应注意铁横担是否锈蚀、变形、松动或严重歪斜。
（　　）

17. 巡线工作应由有电力线路工作经验的人员担任。
（　　）

18. 所有的巡视工作必须按照规定的巡视周期进行。
（　　）

19. 在巡视时，应注意铁横担是否锈蚀、变形、松动或严重歪斜。
（　　）

20. 根据缺陷管理中的规定，一般缺陷年消除率不能低于 95%。
（　　）

21. 低压成套配电装置的日常巡视维护工作中，当环境温度变化时（特别是高温时），要加强对设备的巡视，以防设备出现异常情况。
（　　）

22. 装、拆接地线的工作必须由两人进行。
（　　）

23. 漏电保护器动作后，若经检查未发现事故点，允许试送电两次。
（　　）

24. 以"一杆一景、千镇千颜"整治目标，建立"线乱拉"整治杆线融景的电力＋生态建设模式。
（　　）

25. 对于部分台区经理具备操作 10kV 单一开关操作资格的，也由各单位统一组织认定并发文，未经认定的台区经理不得操作 10kV 设备。
（　　）

26. 电力建设应当贯彻切实保护耕地、节约利用土地的原则。
（　　）

27. 电力建设应当贯彻切实保护耕地、节约利用土地的原则。
(   )

28. 电网运行实行统一管理、分级调度。
(   )

29. 在依法划定电力设施保护区前已经种植的植物妨碍电力设施安全的，应当修剪或者砍伐。
(   )

30. 由于不可抗力等原因造成电力运行事故的，电力企业应承担赔偿责任。
(   )

31. 县级以上各级人民政府应当将城乡电网的建设与改造规划，纳入城市建设和乡村建设的总体规划。各级电力管理部门应当会同有关行政主管部门和电网经营企业做好城乡电网建设和改造的规划。供电企业应当按照规划做好供电设施建设和运行管理工作。
(   )

32. 公用路灯由乡、民族乡、镇人民政府或者县级以上地方人民政府有关部门负责建设，并负责运行维护和交付电费，也可以委托供电企业代为有偿设计、施工和维护管理。
(   )

33. 供电企业和用户对供电设施、受电设施进行建设和维护时，作业区域内的有关单位和个人应当给予协助，提供方便；因作业对建筑物或者农作物造成损坏的，应当依照所有人的要求修复或者给予合理的补偿。
(   )

34. 用户受电端的供电质量可以参考国家标准或者电力行业标准。
(   )

35. 用户对供电质量有特殊要求的，供电企业应当根据其必要性和电网的可能，提供相应的电力。
(   )

36. 国家电网有限公司所辖区域分布式电源接入系统工程由项目业主投资建设，由其接入引起的公共电网改造部分由公司投资建设。
（　　）

37. 属于用户共用性质的供电设施，由供电企业运行维护管理。
（　　）

38. 因天气等特殊原因造成故障较多，不能在规定时间内到达现场进行处理的，应向客户做好解释工作，并争取尽快安排抢修工作。
（　　）

39. 对专线进行计划停电，应与客户进行协商，并按协商结果执行。
（　　）

40. 若因特殊恶劣天气或交通堵塞等客观因素无法按规定时限到达现场的，抢修人员应在规定时限内与客户联系、说明情况并预约到达现场时间，经客户同意后按预约时间到达现场。
（　　）

41. 在电力系统正常状况下，10kV及以下三相供电的客户受电端的供电电压允许偏差，为额定值的 +7%，−10%。
（　　）

四、简答题

1. 在线路竣工验收时，应提交的资料和文件有哪些？

2. 简要说明缺陷处理程序。

3. 配电线路的故障处理原则什么？

4. 现场勘察应包含哪些工作内容？

5. 低压用电工程验收项目的验收条件有哪些？

6. 巡视的要求和注意事项有哪些？

7. 电缆附件常见故障原因有哪些?

8. 混凝土电杆组立前应作哪些检查?

9. 配电线路巡视的目的是什么?

五、综合题

生产现场作业"十不干"指的是什么?

本章答案

一、单选题

1. D	2. C	3. D	4. B	5. B	6. D	7. A	8. B	
9. D	10. B	11. B	12. B	13. C	14. D	15. D	16. C	
17. A	18. B	19. B	20. C	21. C	22. A	23. D	24. A	
25. C	26. C	27. C	28. B	29. D	30. A	31. B	32. A	
33. A	34. A	35. B	36. C	37. C	38. C	39. D	40. C	
41. B	42. C	43. C	44. A	45. C	46. D	47. C	48. C	
49. C	50. A	51. C	52. B	53. B	54. A	55. C	56. A	
57. C	58. D	59. A	60. B	61. D	62. A	63. B	64. B	

二、多选题

1. AC　　2. AC　　3. BC　　4. BD　　5. ABCD
6. ABCD　　7. ABC　　8. ABCD　　9. ABCD　　10. ABCD
11. CD　　12. ABCDE　　13. ABC　　14. ABCDE　　15. ABCD
16. ABC　　17. ABCD

三、判断题

1. ×	2. ×	3. ×	4. √	5. ×	6. ×	7. √	8. √	
9. √	10. ×	11. √	12. ×	13. √	14. ×	15. √	16. ×	
17. √	18. ×	19. √	20. √	21. √	22. √	23. ×	24. ×	
25. √	26. √	27. √	28. ×	29. √	30. ×	31. √	32. √	
33. ×	34. ×	35. √	36. ×	37. ×	38. √	39. √	40. √	
41. ×								

四、简答题

1. 答：竣工图；变更设计的证明文件（包括施工内容）；安装技术记录（包括隐蔽工程记录）；交叉跨越高度记录及有关文件；调整实验记录；接地电阻实测记录；有关的批准文件。

2. 答：发现缺陷、登记缺陷记录、填写消缺单、审核并上报、缺陷汇总、列入工作计划、检修（运行人员处理）、消缺反馈、资料保存。

3. 答：配电线路故障处理的原则是"缩短停电时间，缩小停电面积，迅速排除故障，尽快恢复送电"。

4. 答：现场勘察应查看检修（施工）作业需要停电的范围、保留的带电部位、装设接地线的位置、邻近线路、交叉跨越、多电源、自备电源、地下管线设施和作业现场的条件、环境及其他影响作业的危险点。

5. 答：①工程项目按设计规定全部竣工；②自验收未合格；③自验收合格；④竣工验收所需资料已准备齐全

6. 答：（1）巡视人员应能对发现的缺陷进行准确分类。
（2）两人巡视时，可以攀登电杆及铁塔。
（3）对于发现的缺陷，应及时记录在巡视手册上。
（4）巡视工作应由有电力线路工作经验的人员担任。

7. 答：施工不良；绝缘老化；雷电灾害；污闪和雾闪。

8. 答：电杆表面应光滑，无混凝土脱落、露筋、跑浆等缺陷；平放地面检查时，不得有环向或纵向裂缝，但网状裂纹、龟裂、水纹不在此限；杆身弯曲不应超过杆长的 2/1000；电杆的端部应用混凝土密封。

9. 答：（1）及时发现缺陷和威胁线路安全的隐患。
（2）掌握线路运行状况和沿线的环境状况。
（3）通过巡视，为线路检修和消缺提供依据。

五、综合题

答：（1）无票的不干。
（2）工作任务、危险点不清楚的不干。
（3）危险点控制措施未落实的不干。
（4）超出作业范围未经审批的不干。
（5）未在接地保护范围内的不干。
（6）现场安全措施布置不到位、安全工器具不合格的不干。

（7）杆塔根部、基础和拉线不牢固的不干。

（8）高处作业防坠落措施不完善的不干。

（9）有限空间内气体含量未经测或检测不合格的不干。

（10）工作负责人（专责监护人）不在现场的不干。

第十一章 智能剩余电流动作保护器

一、单选题

1. 剩余电流动作保护器安装场所的周围空气温度最高为（　　）℃。
   A. 40　　　　B. 45　　　　C. 30　　　　D. 35

2. 剩余电流动作总保护器在躲开电力网正常漏电情况下，漏电动作电流应尽量选（　　），以兼顾人身和设备的安全。
   A. 小　　　　B. 中　　　　C. 大　　　　D. 任意

3. 在剩余电流较小的电网中，剩余电流动作总保护器的额定动作电流在非阴雨季节最大可选择（　　）mA。
   A. 50　　　　B. 75　　　　C. 100　　　D. 200

4. 在剩余电流较小的电网中，剩余电流动作总保护器的额定动作电流在阴雨季节最大可选择（　　）mA。
   A. 50　　　　B. 75　　　　C. 100　　　D. 200

5. 在剩余电流较大的电网中，剩余电流动作总保护器的额定动作电流在阴雨季节最大可选择（　　）mA。
   A. 75　　　　B. 100　　　C. 200　　　D. 300

6. 在剩余电流较大的电网中，剩余电流动作总保护器的额定动作电流在非阴雨季节最大可选择（　　）mA。
   A. 75　　　　B. 100　　　C. 200　　　D. 300

7. 剩余电流动作保护器的额定电流应为用户最大负荷电流的（　　）倍为宜。
   A. 1.1　　　B. 1.2　　　C. 1.3　　　D. 1.4

8. 家用、固定安装电器，移动式电器，携带式电器以及临时用电设备漏电动作电流值小于或等于（　　）mA。
   A. 6　　　　B. 10　　　　C. 15　　　　D. 30

9. 供电所综合业务监控平台设备异常包括（　　）级预警。
   A. 三　　　　B. 四　　　　C. 五　　　　D. 六

二、多选题

1. 剩余电流动作保护器的安装应注意（　　　　）。
   A. 避免磁场干扰　　　　　　B. 避开通信线
   C. 避开强电流线　　　　　　D. 避免日晒

2. 剩余电流动作保护器对（　　　　）间引起的触电危险不起保护作用。
   A. 相与相　　B. 相与零　　C. 相与地　　D. 零与地

3. 检修动力电源箱的支路开关、临时电源都应加装剩余电流动作保护装置。剩余电流动作保护装置应定期（　　　　）。
   A. 检查　　　　　　　　　　B. 试验
   C. 测试动作特性　　　　　　D. 清洁

三、判断题

1. 剩余电流动作末级保护器的漏电动作电流值，应小于上一级剩余电流动作保护器的动作值。
   （　　）

2. 在巡视拉线时应注意拉线位置有无妨碍交通或易被车撞等危险。
   （　　）

3. 采用 TN-C 系统的低压电力网，不宜装设剩余电流动作总保护及剩余电流动作中级保护，但可装设剩余电流动作末级保护。
   （　　）

4. 装设剩余电流动作保护器的电动机及其他电气设备的绝缘电阻应不小于 1MΩ。
   （　　）

5. 剩余电流动作保护器标有"电源侧"和"负荷侧"时，不能反接。
   （　　）

6. 配电线路通过果林、经济作物以及城市灌木林，也应砍伐通道以保证安全运行。
   （　　）

7. 运行中发现直线杆顺线路方向倾斜时，可不需停电进行正杆。
( )

8. 发生倒杆后，拉开事故线路上级控制开关确认线路停电后即可开始抢修。
( )

9. 发生倒杆事故后，立即派人巡线，在出事地点看守，应认为线路带电，防止行人靠近。
( )

10. 由于绝缘子老化造成的绝缘下降，应及时更换。
( )

11. 导线断线，应在断线点处剪断重接，并用同型号导线连接或压接。
( )

12. 紧急缺陷是指严重程度已使设备不能继续安全运行，随时可能发生事故和危及人身安全的缺陷。
( )

13. 严重缺陷必须立即消除，或采取必要的安全措施，尽快消除。
( )

14. 配电线路事故抢修应按照"接收事故信息，查找事故点，启动抢修预案，事故处理，恢复送电，总结分析"的流程进行。
( )

15. 确认线路已停电后，应立即开始抢修作业。
( )

16. 事故抢修由于要尽快进行，因此对工器具和材料的要求可以降低。
( )

17. 当故障点没有找到时，可采用分段排除法判断。
( )

18. 对敷设在地下的电缆线路应查看路面是否有未知的挖掘痕迹，电缆线路的标桩是否完整无缺。

（　　）

19. 手摇绝缘电阻表，无须到达额定转速后，再搭接到被测导体上。

（　　）

20. 表库视频监控建设规范率包括库房命名、监控画面的规范性、视频监控布点的合理性。

（　　）

21. 省公司只要求表库视频监控正常，视频监控建设规范即可，视频巡视不纳入监督。

（　　）

22. PMS 系统中，工作计划分为停电计划和非停电计划两种。

（　　）

本章答案

一、单选题

1. A 2. A 3. A 4. D 5. D 6. B 7. D 8. D
9. C

二、多选题

1. ACD 2. AB 3. ABC

三、判断题

1. √ 2. √ 3. √ 4. × 5. √ 6. × 7. × 8. ×
9. √ 10. √ 11. × 12. √ 13. × 14. √ 15. × 16. ×
17. √ 18. √ 19. × 20. √ 21. × 22. √

第十二章 系统管控

简答题

1. 为什么乡供平台上的专变用户异常处理时长要被纳入总处理时长？

2. 用户为专变用户，被纳入处理时长，怎么办？

3. 乡供平台人员花名册的调整应注意哪些问题？

4. 对于新增台区，乡供平台网格管理该如何处理？

5. 电能表持续多天无数据该如何申诉？

6. 台区经理移动终端在线时长应为多少小时？

本章答案

简答题

1. 答：专变用户采集器配置有误，应采用专变终端。

2. 答：专变用户异常时长不纳入统计，低压用户异常时长纳入统计。营销系统中停电标志为未实施停电，故原采集系统、采集运维闭环系统内没有剔除考核，乡供平台自然纳入统计，应先在营销系统内走停电申请流程。

3. 答：如果是台区经理，调整之后，应对这个台区经理的网格区进行同步调整，如果不是台区经理，则不需要该项操作。

4. 答：每天11点开始从营销同步台区进乡供，在第二天10点之前维护进网格区即可。

5. 答：用营销系统问题提交模块进行申诉，乡供平台以闭环管理模块的异常恢复时间为准。

6. 答：试点所每个工作日8小时，非试点所每个工作日6小时。